森林の窒素飽和と
流域管理

編著者
古米弘明
川上智規
酒井憲司

企画
財団法人 河川環境管理財団

技報堂出版

書籍のコピー,スキャン,デジタル化等による複製は,
著作権法上での例外を除き禁じられています。

まえがき

　本書は，河川や湖沼等の水域に供給される窒素の発生源として，大気降下物由来の窒素に着目したものである．酸性雨の原因物質の一つである窒素化合物は，生物にとっての栄養物質でもある．しかし，その量が生態系の必要量より上回ると，森林の栄養過剰害，ひいては土壌の酸性化，陸水の富栄養化をもたらすことが懸念されている．このことは，大気降下物由来の窒素を，酸性雨の成分として，また富栄養化の栄養塩として，二つの意味から捉えることが重要であることを示唆している．

　このような新たな視点から，大気環境における窒素挙動，乾性および湿性沈着等の供給機構，森林等の流域に与える影響，その他の発生源の窒素を含めた流域での流出過程や流域における窒素収支を総合的に明らかにすることを目的とした研究が望まれていた．そこで，財団法人河川環境管理財団では，河川整備基金を活用して全国的かつ総合的な観点から行う研究事業として，平成19年度から2年間にわたり「大気由来窒素に着目した流域の窒素収支に関する研究」が実施された．この研究を進めるにあたり，水環境や大気環境，森林，生物地球科学等の研

究者からなる研究会が組織された．その研究成果のエッセンスをとりまとめたものが本書である．

　本書の出版にあたり，大学の教科書的な内容でなく，世間にあまり知られていない森林の窒素飽和現象等の窒素をめぐる事象について最新の研究成果を踏まえ，水環境分野に興味を持つ学生，環境問題に取り組むNPO等の方々にもわかりやすく紹介することを目指して編集した．読者の皆様に，大気由来の窒素を富栄養酸性化物質として認識していただければと考えている．そして，河川や湖沼の水環境を扱う行政機関の方々には，今後の河川水質管理を進めるためにも，河川における窒素管理において必要となる手法や視点が何か，効率的で総合的な窒素の負荷削減のための計画策定のあるべき姿はどのようなものか，さらには河川において窒素モニタリングをいかに行うべきか，などを検討いただくきっかけになることを期待している．

2012年1月

古　米　弘　明

名　　簿

編　者　　古　米　弘　明［東京大学 大学院工学系研究科附属水環境制御研究センター 教授］

　　　　　　川　上　智　規［富山県立大学 工学部 環境工学科 教授］

　　　　　　酒　井　憲　司［財団法人河川環境管理財団 技術参与］

執筆者(50音順．太字は執筆担当箇所)

　　　　　　青　井　　　透［群馬工業高等専門学校 環境都市工学科 教授／**1.1, 2.4**］

　　　　　　伊　藤　優　子［独立行政法人森林総合研究所 立地環境研究領域土壌特性研究室 主任研究員／**1.2**］

　　　　　　川　上　智　規［前出／**3章**］

　　　　　　駒　井　幸　雄［大阪工業大学 工学部 環境工学科 教授／**3.3**］

　　　　　　酒　井　憲　司［前出／**2.3, 5.1, 5.2**］

　　　　　　佐　竹　研　一［立正大学 地球環境科学部 環境システム学科 教授／**2.1, 4.3**］

　　　　　　武　田　麻由子［神奈川県環境科学センター 調査研究部 水源環境担当 主任研究員／**2.2**］

　　　　　　永　田　　　俊［東京大学 大気海洋研究所 海洋地球システム研究系 海洋化学部門 生元素動態分野 教授／**4.1**］

　　　　　　古　米　弘　明［前出／**序章, 5.3**］

目　次

序章　大気由来窒素に着目した河川水質の捉え方　*1*

第1章　渓流水の高い窒素濃度　*9*
1.1　利根川上流域における窒素の状況　*9*
1.2　その他の流域における窒素をめぐる現象　*15*

第2章　窒素の起源と大気からの降下物　*25*
2.1　環境に附加される自然起源と人為起源の窒素化合物　*25*
2.2　大気降下物の測定　*37*
2.3　全国における大気降下量の実態　*46*
2.4　大気中での窒素の移動　*52*

第3章　森林の窒素飽和現象　*61*
3.1　森林からの窒素流出の特徴　*61*
3.2　窒素飽和現象　*63*
3.3　各地の窒素飽和状況　*66*

第4章　窒素の排出源の特定　*83*
4.1　安定同位体法による排出源の特定　*83*
4.2　窒素安定同位体比から見た利根川上流域の特徴　*92*
4.3　環境汚染のタイムカプセル樹木入皮による
　　　窒素汚染史解明の可能性　*95*

第5章 流域の窒素管理に向けて　*111*

    5.1　富栄養酸性化物質である窒素による
　　　　水環境への影響　*111*

    5.2　流域の窒素収支の把握　*120*

    5.3　流域の窒素管理へ向けた提言　*128*

索　引　*139*

序章
大気由来窒素に着目した河川水質の捉え方

　本書では，河川や湖沼等の水域に供給される窒素化合物の発生源という観点から，大気降下物由来の窒素化合物に着目して，大気降下量，森林域からの流出量，発生源や排出源の推定手法等を中心に，最新の知見やそれらに関連する知識が紹介されている．

　大気降下物の窒素化合物は，酸性雨の原因物質であるとともに，森林域にとっては重要な栄養物質であり，その量が過剰となると，土壌の酸性化や陸水の富栄養化をもたらすことが懸念されている．既に，河川への硝酸態窒素が流出するという窒素飽和現象が報告されてきているが，現時点では河川水質に深刻な影響が顕在化しているとは断定できない．しかし，河川上流域における窒素挙動の把握なくしては，下流域における富栄養化への対応を含め，今後の流域の水質管理を適切に進めることは困難になると考えられる．

　そこで，大気由来窒素に着目した河川の窒素の捉え方，そして，流域における窒素管理の在り方を考えるために重要となる

視点と本書の構成を以下に紹介する．

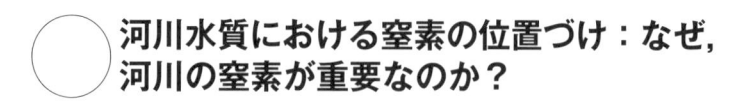

河川水質における窒素の位置づけ：なぜ，河川の窒素が重要なのか？

窒素に関する水質環境基準としては，硝酸態窒素と亜硝酸態窒素が人の健康の保護に関する項目として河川を含む公共用水域や地下水に対して設定されている．また，富栄養化の側面から，湖沼と海域に対しては全窒素(T-N)や全リン(T-P)が生活環境の保全に関する項目として定められている．しかし，河川の水質環境基準には，T-N や T-P が設定されていない．ここでいう湖沼とは，天然湖沼，および 1,000 万 m^3 以上で，かつ，水の滞留時間が 4 日間以上である人工湖が該当する．したがって，ダム湖の中には河川として，あるいは湖沼として扱われているものがある．

そのため，その下流にダム湖や湖沼がある河川上流域における窒素のモニタリングの重要性は高いと認識すべきであることがわかる．このことは，平成 17 年に取りまとめられ，その後も改訂されている「今後の河川水質管理の指標について(案)」に記載されているとおりである．すなわち，下流域や滞留水域への影響を考えた場合，上流域を含めて流域全体での窒素管理は重要である．なお，上流域の河川水質はきれいなものであるという想定が必ずしも正しいとは限らないことを考えるべきである．

流域における窒素の起源とその収支：どこから、窒素は河川にもたらされるのか？

河川等の水環境に存在する窒素はどこからもたらされるのか．流域における人間生活，工場や事業所等の生産活動に伴う排水からもたらされるだけでなく，面源負荷として，森林，農地，市街地からの流出負荷がある．実は，面源負荷として見逃していけないものとして，降水等からの大気降下物由来の窒素があることを認識することが大事である．5.2で紹介しているように，利根川上流域では，大気降下物に由来する窒素負荷量の占める割合は，家畜排泄物の堆肥由来の窒素量と同程度であり，流域へ降下したり，投入される量の30%近くにも上る．畜産の盛んな地域であることを考えると，大気降下物由来の窒素の影響が大きいことが伺える．

したがって，大気降下物由来の窒素を含めて流域の窒素収支を把握してこそ，河川環境管理に役立つ効率的で総合的な窒素の負荷削減のための計画策定が可能となる．流域における窒素収支を算定評価するためには，窒素の発生源とその起源，そして，その負荷量を正しく把握することが求められる．そのことから，事業所排水の水質規制，下水の高度処理導入の推進だけではなく，森林管理，家畜排出物の管理，農地や市街地からの面源負荷の削減，自動車排ガスの管理等も含めて効率的な削減方策を検討する時代となっている．

河川上流の渓流における窒素挙動：なぜ、河川上流部で窒素濃度が高い所があるのか？

 一般に河川上流部には人為的な汚濁負荷は少ないことから，大気降下物や森林からの流出負荷に着目することが重要となる．1章において，人為的汚染のないと思われる利根川上流域の渓流の水質調査から，群馬県西部で無機態窒素濃度が特徴的に高いことが明らかになったことがまず紹介されている．同様に，関東地方において森林から流出する渓流水中の硝酸態窒素濃度が隣接する地方より高いことも併せて報告されている．

 また，酸性雨調査結果を活用した窒素の大気降下量の全国分布状況からも，利根川上流域，北陸地方，山陰地方にも降下量が高い地点があることもわかってきている．例えば，2章で紹介されているが，大気からの窒素湿性降下量の高い所では，15 kg-N/ha・年以上になる．降水量を単純に1,500 mm/年とすれば，降水中の平均窒素濃度は1.0 mg/L以上に相当する．これが河川上流部の濃度レベルとなれば，流域全体の窒素収支において大気由来の窒素が大きく影響することが想定される．なお，世界自然遺産に指定された東京都小笠原での降下量は1.9 kg-N/ha・年であり，当然のことながら降水中の窒素濃度も低い．

 ## 森林のメタボ化：河川の硝酸態窒素の高濃度は何を意味するのか？

 窒素は植物の成長に必要な成分であることから，森林生態系

においては一般的には吸収されて，多量に河川に流出することはない．また，窒素化合物としてアンモニウムイオンは土壌に吸着されやすく硝化作用を受けることから，硝酸イオンの形態で流出する．言い換えれば，渓流水の濃度が高いことは，森林が必要とする以上に窒素が供給される状態が継続されることにより生じるとされている．いわゆる，窒素飽和現象である．

森林生態系が窒素過多となってメタボ状態になっていることから，この飽和現象が進行すると，河川に硝酸態窒素が流出することになり，下流域の酸性化や富栄養化を引き起こすことにもつながる．この現象については3章において，群馬県西部，谷川岳，富山県呉羽丘陵，六甲山における窒素飽和の段階が進行している事例として報告されている．

窒素起源の特定手法：大気降下物中と排水等の窒素の由来を識別できるか？

河川上流域における窒素挙動を把握するには，大気降下量や森林からどのように流出してくるのか，人為活動に伴う窒素の排出との寄与の大小を議論することが重要となる．その際，流出する形態として主要なものである硝酸イオンの起源が特定できることは非常に有意義である．その起源解析に，硝酸イオンの窒素・酸素安定同位体比を用いる方法が活用できることが4.1 で紹介されている．

窒素には2種類(^{14}N，^{15}N)の安定同位体が，酸素には3種類(^{16}O，^{17}O，^{18}O)が存在する．重い元素(^{15}N，^{18}O)と軽い元素

(^{14}N, ^{16}O) の存在比のことを安定同位体比 (^{15}N/^{14}N, ^{18}O/^{16}O) と呼ぶ. 具体的には, 大気降下物由来の硝酸イオンは相対的に ^{18}O/^{16}O が高く, ^{15}N/^{14}N が低い. 一方, 排水中の硝酸イオンは, ^{15}N/^{14}N が高く, ^{18}O/^{16}O が低い.

硝酸イオンの起源に応じてこの安定同位体比が異なることから, 窒素の発生源の特定が可能となる. そこで, 大気降下物中の窒素と排水由来の窒素との判別を目的に, 研究会の枠組みの中で利根川上流域の水質調査を戦略的に行った. そして, 窒素安定同位体比の測定結果から, 硝酸性窒素濃度が高い群馬県南西部の支流は降雨由来の窒素の影響を大きく受けていることが 4.2 において紹介されている.

本書の構成

本書は本章を除き 5 つの章から構成されているが, 図 1 にその内容を起承転結としてまとめてみた. まず, 1 章で研究会発足のきっかけとなった, 利根川上流部の渓流水等で観測された高い窒素濃度に関する研究紹介がなされている. この興味ある現象を深く理解するために, 着目した大気降下物由来の窒素について 2 章において解説している. 地球環境スケールでの窒素汚染, 大気降下量の測定方法や降下量実態等の大気由来の窒素を議論するための関連基礎知識が紹介されている. そして, 3 章では, 大気から供給される窒素化合物量と森林での必要量の関係から評価される窒素飽和現象について事例を含めて解説

されている．この2, 3章は，導入で提起した渓流水の高い窒素濃度を受け，その背景となる知識を提供してその理解を促す部分である．

4章では，窒素の排出源の特定に活用できる安定同位体比を活用した手法とその適用例が示されるとともに，大気由来（自動車起源）の窒素汚染の記録としての樹木入皮を活用する興味ある手法も併せて紹介している．流域の窒素管理のためには，窒素排出源を把握しながら流域全体での窒素収支を理解することが重要となる．

5章では，河川や湖沼における窒素の影響を整理した後，大気降下物を含めて流域の窒素収支の算定事例を示している．この算定結果が正しいという立場ではないことに注意していただ

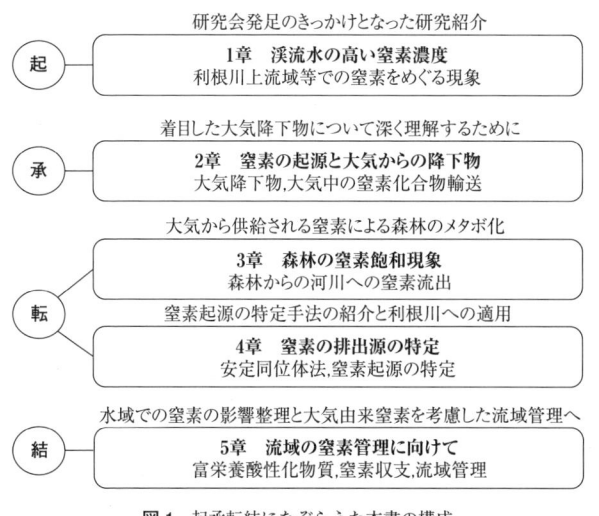

図-1 起承転結になぞらえた本書の構成

きたい．この収支計算から，何がわかり，何がわからないかをまとめたことが大事な成果だと考えている．そして，最後に大気降下物由来の窒素も考慮して流域における窒素管理を行ううえで，基本とすべき認識事項と今後に向けた提言をまとめている．

第1章
渓流水の高い窒素濃度

1.1 利根川上流域における窒素の状況

1.1.1 群馬県内の渓流水の濃度分布

筆者(青井)は長く水処理プラントメーカーに勤務し,現在,群馬工業高等専門学校の教員として2001年より利根川上流域の,人為的な汚濁源がないと思われる渓流における水質調査を継続している.調査を始めてしばらくし,群馬県西部の渓流の多くで窒素濃度が1 mg/Lを超えることに気づき,不思議に思ったことを今でもよく覚えている.その頃の筆者の認識では,森林から流出する渓流水の窒素濃度はきわめて低く,流下するにつれて生活排水,工場排水,農地排水等の流入によって窒素濃度が上昇すると考えていた(田渕, 2005).

筆者が調査を行ってきた群馬県周辺の渓流における窒素濃度を図-1.1に示す.採水はすべて6〜10月に行っている.窒素には,落葉等の有機態のもの,無機化されてアンモニア態(NH_4-

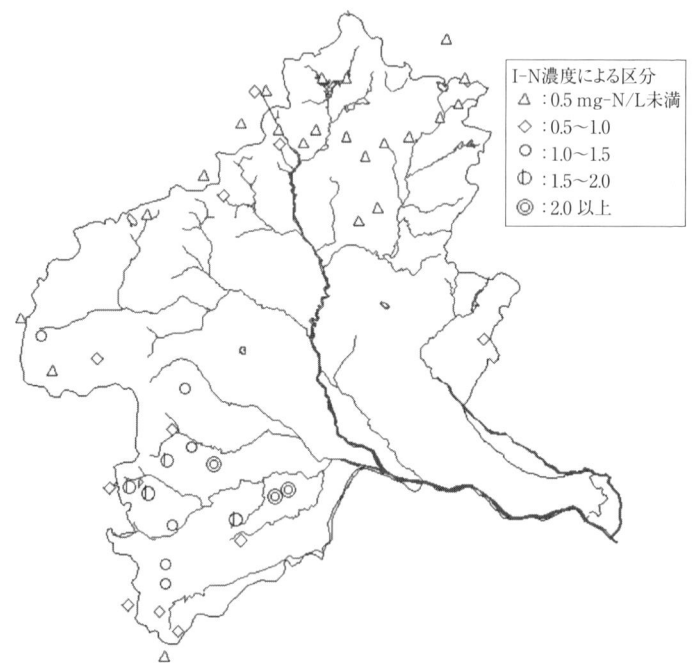

図-1.1 利根川上流域の渓流水のI-N濃度

N)や硝酸態(NO$_3$-N)になったものがある．図には無機態の窒素(I-N)を示している．なお，I-Nの大半はNO$_3$-Nである．図では，I-N濃度が1 mg/L以上の渓流は，すべて群馬県西部に集中している．最もI-N濃度の高い地点は碓氷川上流で，2.9 mg/Lという値である．県の北部と東部においてはすべて1 mg/L以下で，地域で顕著な差を見てとれる．図には県西部と北部の県境を越えた隣県の水質も記載してある．西部の長野県側の値は群馬県内より低くなっている．

窒素の 2.9 mg/L という濃度が水環境において持つ意味について考えてみる．水環境において，窒素は 2 つの基準に採用されている．一つは，『水質環境基準(生活項目)』として湖沼や海域における富栄養化に関連して定められている基準で，最も緩い区分の値は，全窒素(T-N)で 1 mg/L 以下である．もう一つは，『水道水質基準及び水質環境基準(健康項目)』として定められている NO_3-N と亜硝酸態窒素(NO_2-N)の和で，基準値は 10 mg/L 以下である．群馬県西部における渓流水の窒素濃度と比べると，水道水質基準は十分クリアするが，水質環境基準の富栄養化の値を上回る値となっている．

渓流水で富栄養化の基準の値を上回る高濃度の窒素が検出されると言うと，関係の研究者らからは，最初は驚きよりもデータがおかしいのではないかという疑いで受け止められることが多かったようである．2009 年に群馬県内で開催された水生昆虫の研究会において，筆者の研究室の学生が利根川の支流の一つである烏川での水生昆虫・珪藻の報告を行った．調査地点の I-N 2.1 mg/L，リン酸態リン(PO_4-P) 0.03 mg/L と報告したところ，渓流水の窒素濃度がそんなに高いことはあり得ないとか，リンがないのに窒素だけ高いのはおかしいではないかという意見が相次いで出された．群馬高専に赴任当初の筆者もそうであったと懐かしくもあり，この研究の必要性を大いに感じさせられたものである．

1.1.2　上流域の水質の季節変化

図-1.1の結果は夏季に測定した値であるが，上流域における窒素濃度は年間ではどのように変化しているのかを見てみる．年間のデータの得られている県北部の湯檜曾川(土合堰堤上流)のI-Nの季節変化を**図-1.2**に示す．採水は，上流に人為的汚濁のない地点で行った．

湯檜曾川においては，3月下旬が最も高く0.6 mg/Lを超える濃度となり，6〜8月に最も低く0.2 mg/L前後である．3月下旬が最も高くなるのは，2月からの雪解けに伴う凍結融解の繰返しで起こる無機イオンが水より先に溶出するという溶脱現象によると考えられている．溶脱によりI-N濃度が低くなった雪渓の融解に伴いI-N濃度は徐々に低下し，6〜8月の夏季には年間を通して最も低くなり，そして秋季から再び上昇し次の降雪期を迎えるという年間変化が観察される．

湯檜曾川の経年変化をもとに考えると，**図-1.1**で示した値は6〜10月の採水であることから，年間で低目の期間のものであるといえる．

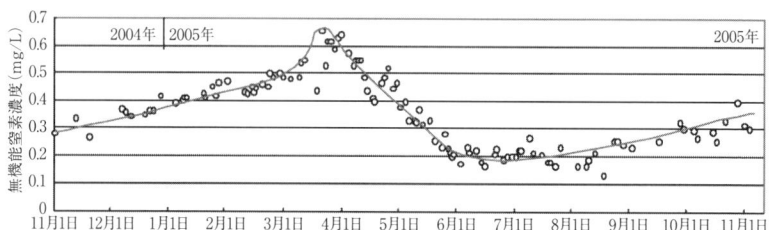

図-1.2　湯檜曾川におけるI-N濃度の季節変化(2004年11月〜2005年10月)

1.1.3 群馬県内の河川水の長期観測データ

利根川上流域における高い I-N 濃度が最近の現象であるかどうかについて，長期間にわたり水質測定がなされている群馬県西部に位置する碓氷川（安中市碓氷川第一水源）において安中市の測定による $NO_3\text{-}N+NO_2\text{-}N$ の濃度の経年変化を図-1.3 に示す．この地点は，上流にはほとんど人為的汚濁の流入がないと考えられる．ここ 20 年間は平均で 0.8 mg/L と高い値であり、ほぼ横這いといえる．

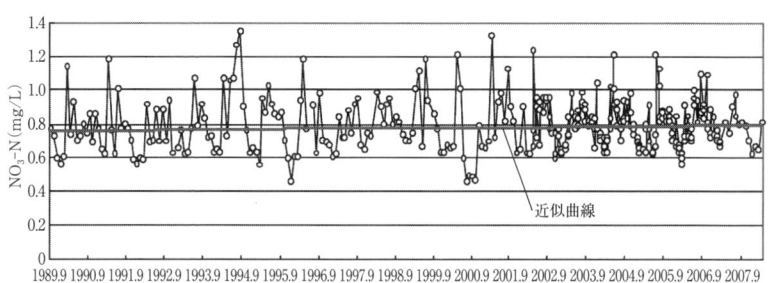

図-1.3 安中市の碓氷川第一水源における $NO_3\text{-}N+NO_2\text{-}N$ の濃度の経年変化（安中市データ）

1.1.4 利根川の流下に伴う水質の変化

群馬県西部の利根川上流域の渓流で高い I-N 濃度が測定されているが，流下に伴い水質がどのように変化しているか見てみる．2008 年 9 月 2 日に北部の矢木沢ダムから利根川の本川に沿って利根大堰まで調査した結果を図-1.4 に示す．

矢瀬橋から上流は 0.5 mg/L 以下と低いが，その後，支川の流入とともに徐々に高くなり，利根大堰では 2.4 mg/L となっ

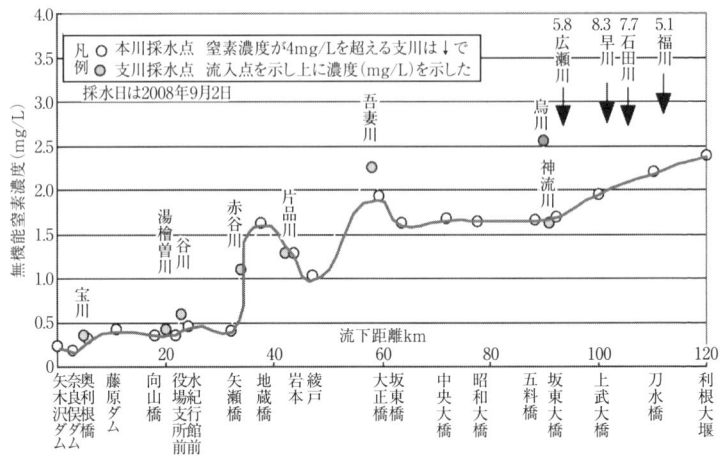

図-1.4　利根川の流下方向のI-N濃度の変化

ている.

このように利根大堰は利根川上流域の様々な影響を受けており、その結果として得られたI-N濃度の年間変化を**図-1.5**に示す．これは2008年10月～2009年9月までほぼ毎日測定した結果である．**図-1.5**では，10月は濃度が高く，4.0 mg/L前後の日が続いている．11～5月まで徐々に濃度が低下しており，最低となる5月は1.0～1.5 mg/Lである．その後，6月に上昇し，7月に再び低下した後，徐々に上昇している．

利根大堰の年間変化を**図-1.2**の湯檜曽川と比較すると，最低となる時期は近いが，ピークを迎える時期は湯檜曽川が3～4月であるのに対して、利根大堰では10月と全く違っている．

図-1.5 利根大堰の I-N 濃度の年間変化（2008年10月～2009年9月）

1.2 その他の流域における窒素をめぐる現象

　河川の最上流域に位置する森林域から流れる渓流水は，森林生態系における物質循環の主要な流出経路として重要であるばかりではなく，下流域へ良質な水を安定して供給する観点からもきわめて重要である．

　渓流水の水質形成に関わる要因は様々あるが，流域の地質，植生，土壌，気候等の立地環境要因により基本的な性質は決まり，伐採等の森林施業による人為的な攪乱，山火事，土地利用の変化，また大気汚染，酸性降下物等の環境変化等が渓流水質の変動に影響を及ぼす．しかしながら，水質を形成する要因は複雑なため，隣接した流域からの渓流水で，その水質が異なることもある．このため，様々な立地環境の森林から流出する渓

流水質を多点において比較することは，流域における水質を形成する要因を明らかにすること以外に，地点間の水質の変動の幅や，その地域の平均的な水質を明らかにするうえでも重要である．しかしながら，渓流水の水質形成を把握するための基礎となる森林域における物質収支の測定には，水の収支(降水と流出水)を正確にかつ長期間測定しなければならず，その観測地点数は限られているのが現状である．

1.2.1　全国的な渓流水質の調査

これまで，森林生態系では生物が利用可能な窒素がわずかしか存在せず，窒素が生育の制限要素であるとされてきた．そのため，大気より森林に供給された窒素は，有効に生態系内で利用もしくは系内に保持され，渓流水中に流出する窒素[主に硝酸イオン(NO_3^-)]はきわめて低濃度であるとされてきた．しかしながら，近年，平水時に渓流水の窒素濃度が高い地点が報告されている．

日本における河川水質に関する先駆的な研究に1940〜50年代の全国225河川の調査事例がある(小林，1961)．この研究では，採水地点は，できるだけ人為的影響がないとされる平野部に入る直前とされており，渓流水を対象としたものではないが，今からおよそ60〜70年前に行われた貴重な研究である．この研究では，河川水中の硝酸態窒素(NO_3-N)濃度はほとんどの地点で低濃度(全国平均値が0.26 mg/L)であるが，その中で北海道の厚沢部川が3.64 mg/Lと高く，2番目に多摩川の値1.06

mg/L が高いと報告されている．北海道地方の河川の特徴として泥炭層起源の浮遊物が多いことが記されており，厚沢部川の NO_3-N 濃度が高かった理由は人為的な影響ではないと推察される．また，多摩川の調査は 1942 年から 1943 年と戦前に行われている調査であるが，調査地点が上流域ではないため人為的な影響も考えられるが，詳細は不明である．

　森林域を対象とした全国的な調査には，1980 年代後半に行われた廣瀬ら(1988)による全国 34 箇所の集水域における調査がある．全調査地点の渓流水中の NO_3-N 濃度の平均値は 0.35 mg/L であった．この時点で，森林域からの渓流水中の NO_3-N 濃度は，小林(1961)による河川上流部における調査結果よりも既に高い値を示している．また、廣瀬らの調査では，温暖かつ降水量の少ない瀬戸内海沿岸地点における NO_3-N 濃度が高い傾向を示していた．

　その後，1998 年には全国大学演習林における渓流水，降水の一斉水質調査(年 2 回)が実施された(戸田ら，2000)．この一斉調査は，北海道から沖縄の 45 箇所の大学演習林内で行われ，関東地方に位置する複数の調査地点で NO_3-N 濃度が他の流域に比べ高いことがわかった．この理由の一つとして，これらの地点では降水中のアンモニア態窒素(NH_4-N)および NO_3-N の濃度が高く，それらが影響していると報告されている．

　日本全国を網羅した渓流水質調査は，2003 年の夏季に全国 1,278 地点(千葉，沖縄県は除く)の渓流において行われた(木平ら，2006)．その結果，NO_3-N 濃度の全国平均値は 0.36 mg/L

であった．期間内での1回のみの調査ではあるが，NO_3-N濃度は他の成分に比べて地域による濃度差が最も大きく，埼玉県（最大値）と北海道（最小値）では約14倍もの差があった(**図-1.6**).

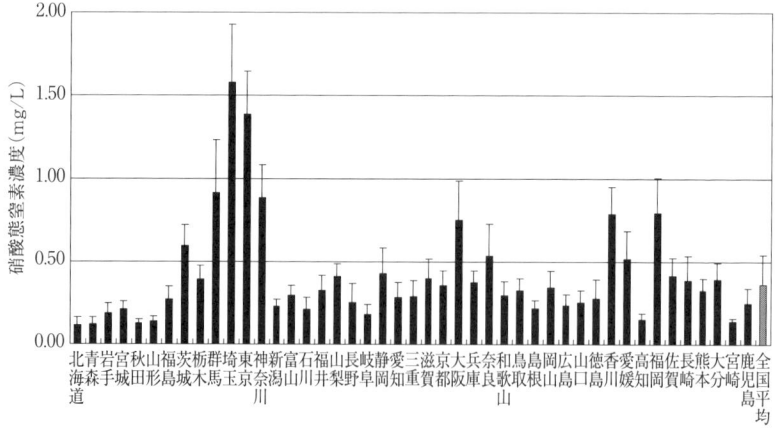

図-1.6 全国の渓流水中のNO_3-N濃度［木平ら(2006)より作成］

1.2.2 関東地方および他地域の状況

人口密度が高く，人間活動の活発な大都市圏では，自動車の排気や工業地帯の化石燃料の燃焼等に伴い発生する窒素酸化物(NO_x)の大気中への放出量が多い．そして，その影響は周辺の森林域にも及んでいる．関東地方においては，これらに加え，農業活動も盛んで，多量の窒素肥料が畑地等に施肥されている．また，畜産施設からアンモニア(NH_3)が大気中に放出されている．そのため，大気中の窒素濃度は高く，降水やエアロゾルの

形で大量の窒素が森林域に流入している.

伊藤ら(2004)は,渓流水中のNO_3-N濃度の平均的な値を把握するために,関東平野を中心に東北地方南部から中部地方にかけて約280地点の渓流水質を調査した.その結果,関東平野周辺の渓流水のNO_3-N濃度は,他地域より明らかに高い値であった(図-1.7の太線で囲まれている地域).これらの値は,水

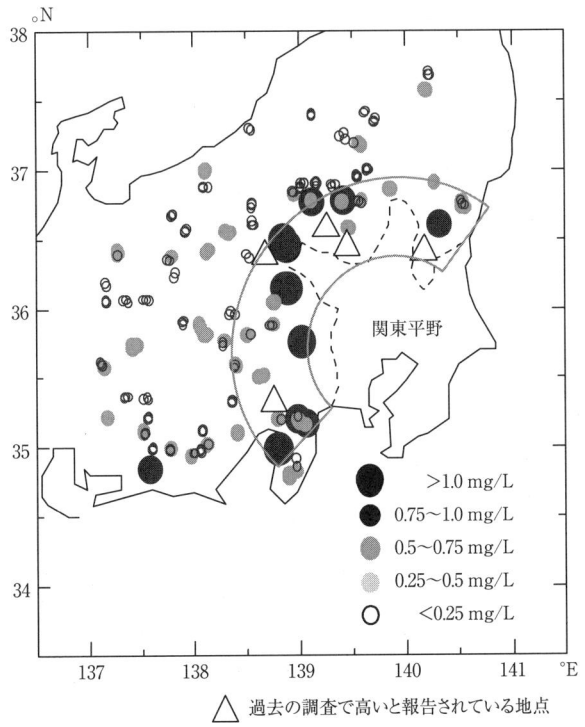

図-1.7 関東・中部地方における渓流水中のNO_3-N濃度の分布[伊藤ら(2004)から作成]

道水質基準値(NO_3-N＋NO_2-N の濃度：10 mg/L)以下ではあるが，関東平野を中心とした活発な人間活動が森林域の渓流水質に影響を及ぼしていることを示唆している．

利根川流域以外では，楊ら(2004)により多摩川水系において詳細な調査が行われた．NO_3-N 濃度は，東京都心に近い東部の丘陵地で高く，山岳地に向かって低下する分布が認められた．その濃度範囲は，およそ 0.03〜3.0 mg/L と地点により劇的に変化している．また，楊らは過去のデータをもとに1970年代の多摩川中流部に位置する渓流水の NO_3-N 濃度を算定し，1970年代に既に 1.5 mg/L に達していたことを確認している．これは現在の同地域の濃度とほぼ同レベルにあったことを示している．

関東平野の西部周辺に位置する丹沢山系の渓流においても，同じように NO_3-N 濃度が高い地点が見られ(最小値 0.13〜最大値 1.27 mg/L)，大都市圏の人間活動に伴う大気を経由した窒素の負荷による影響を大きく受けていることが報告されている(藤巻ら，2006)．

次に，関東地方以外の地域の状況を見ると，金子(1998)は，近畿地方の森林域52地点の渓流で調査を行った結果，渓流水中の NO_3-N の平均濃度は 0.44 mg/L であり，先の小林(1961)，広瀬ら(1988)が同地域で行った時のデータに比べ増加していることを報告している．その原因として，大気からの窒素負荷の増大が関係している可能性があり，これからも渓流水中の NO_3-N 濃度の変化には注意していく必要があると指摘している．

日本海側の地域においても，富山市の呉羽丘陵からの渓流水中のNO_3-N 濃度が平均で 2.2 mg/L に達し，非常に高いことが報告されている(川上ら，2006)．しかしながら，隣接する射水丘陵においては，大気からの窒素負荷量が同程度であるにもかかわらず，渓流水中に窒素がほとんど流出しておらず，森林生態系における窒素の動態および流出メカニズムが複雑であることを示している(森林生態系における窒素の動態の詳細については 3 章を参照されたい)．

以上のような，森林域からの渓流水中の NO_3-N 濃度が高い現象が日本各地の森林流域で生じているかについては，先に述べたように，渓流水中に NO_3-N がほとんど見られない地点もある．例えば，中部地方の御岳山周辺の渓流水中の NO_3-N 濃度は，検出限界以下(0.00 mg/L)から 0.07 mg/L と非常に低濃度であった(森林総合研究所，2008)．

1.2.3 今後の展望

関東平野周辺域の森林域では，渓流水中の NO_3-N 濃度が高い地域が広範囲に拡がっている．その現象は利根川流域のみならず，多摩川流域等の他流域でも見られる．同様に，広域的ではないが，関東地域以外の流域でも観測されている．特に大阪，名古屋等の大都市圏周辺の地域では，渓流水中の NO_3-N の高い地点が報告されている．

また，降水中の硫酸態硫黄(SO_4-S)濃度に対して NO_3-N および NH_4-N の濃度の割合が増加する傾向が全国的に拡がって

いる．特に日本海側の地域においては，近年，冬季において大気からの窒素負荷量が増加している．その傾向は日本の中央部の山岳地帯においても明らかで，国内の大都市圏からの影響だけではなく，アジア大陸からの窒素の流入が示唆されている．したがって，現時点において渓流水中のNO_3-N濃度の増加が確認できない地域においても，長期間にわたる大気からの窒素負荷により，森林域からの渓流水中への窒素の流出量が増加することが考えられる．

　森林域およびそこから流れる渓流水は、これまでは人間活動に伴う下流域における窒素負荷を希釈し、水環境への影響を軽減する役割を果たしていると考えられてきたが，その機能が減少することにより，市民の生活のみならず，環境全体に大きな影響を及ぼすことが危惧される．このことからも、多くの地点において森林域の水質浄化機能の状態を長期間モニタリングし，大気から森林域へ負荷される窒素負荷の実態と併せて、窒素をめぐる森林生態系のメカニズムを明らかにしていく必要がある．

参考文献

1.1

・青井透，宮里直樹，鎌田素之，川上智規：碓氷川支流裏妙義中木川流域の通年調査による窒素飽和現象の確認，土木学会環境工学論文集，Vol.46, pp.61-68, 2009.
・田渕俊雄：湖の水質保全を考える-霞ヶ浦からの発信，技報堂出版，p.110, 2005.
・森邦広，青井透，阿部聡，池田正芳：谷川岳を含む利根川最上流から利根大堰までの栄養塩濃度の推移と流出源の検討，土木学会環境工学研究論文集，Vol.39,pp.235-246, 2002.

1.2

- 伊藤優子,吉永秀一郎:関東・中部地方の森林流域における渓流水中のNO$_3^-$濃度の分布,日本森林学会誌,86, pp.275-278, 2004.
- 金子真司:近畿地方における渓流水の広域調査−渓流水質の形成にかかわる要因について,水利科学,41, pp.35-55, 1998.
- 川上智規:呉羽丘陵の渓流水−高濃度硝酸イオンの流出,富山の水環境(富山県立大学 環境システム工学科編),pp.70-76, 2006.
- 木平英一,新藤純子,吉岡崇仁,戸田任重:わが国の渓流水質の広域調査,日本水文科学会誌,36(3), pp.145-149, 2006.
- 小林純:日本の河川の平均水質とその特徴に関する研究,農学研究,48(2), pp.63-106, 1961.
- 戸田浩人他46名:全国大学演習林における渓流水質,日本森林学会誌,82(3), pp.308-312, 2000.
- 廣瀬顕,岩坪五郎,堤利夫:森林流出水の水質についての広域的考察(1),京都大学演習林報告,60, pp.162-173, 1988.
- 藤巻玲路,川崎昭如,酒井暁子,富田瑞樹,金子信博:森林から渓流への窒素流出の評価,文部科学省21世紀COEプログラム「生物・生物環境リスクマネジメント」成果報告書(8), pp.57-63, 2006.
- 揚宗興,木平英一,武重祐史,杉山浩史,三宅義則:渓流水のNO$_3^-$濃度と森林の窒素飽和,地球環境,9(1), pp.29-40, 2004.
- 森林総合研究所:森林降水渓流水質データベース,http://fasc.ffpri.affrc.go.jp/, 2008.

第2章
窒素の起源と大気からの降下物

2.1 環境に附加される自然起源と人為起源の窒素化合物

　太陽系を構成する諸惑星の大気組成の中で,地球の大気組成は,他の惑星とは大きく異なる.地球の大気にだけ多量の窒素分子が存在し,地球の大気にだけ植物により作り出された多量の酸素分子が存在する.これらの窒素分子と酸素分子は,それぞれ大気組成の78%と21%を占めている.しかし,窒素分子を構成する2個の窒素原子は互いに三重結合($N\equiv N$)で強く結ばれ,きわめて反応性に乏しく,窒素分子を酸化したり,還元するためには,大きなエネルギーや触媒の働きを必要とする.これが窒素分子と酸素分子が大気中で非常に長い間共存していてもお互いに反応しない理由であり,ほとんどの動植物が窒素分子を還元して必須アミノ酸の原料であるアンモニア(NH_3)を作ることができない理由である.

　植物が栄養源として取り入れ,その代謝系内に組み入れるこ

とのできる窒素化合物は硝酸(HNO_3)やアンモニアであり，これらの化合物は大気中の空中放電(雷)による窒素分子の酸化(Zhou *et al.*, 2009)か，陸地や海洋に分布するニトロゲナーゼを有する限られた微生物による窒素分子の還元によるしか供給されなかったのである．

　自然起源の窒素化合物のみが永く地球生態系を支え，その制約条件の中で窒素循環が行われていたが，やがてそこにその制約条件を解き放つ大きな変化が人類によってもたらされる．その端緒は，ドイツのフリッツ・ハーバーとカール・ボッシュが1913年に工業化に成功した大気中窒素固定技術の開発である．この方法は，大気中の窒素分子を原料とし，これと水素を鉄触媒のもとで反応させ，NH_3を合成する($N_2+3H_2\rightarrow 2NH_3$)方法である．大気中に無尽蔵に存在する窒素分子を原料とする効率的なNH_3の合成法の開発は画期的であり，NH_3から大量のHNO_3を製造する道を開いたのである．そして，HNO_3からは，肥料だけでなく爆薬の生産も行われるようになった．ハーバー・ボッシュ法は，肥料としての窒素化合物の量を激増させるとともに，大量の爆薬の製産をも可能にし，大量の爆薬の生産は世界各地で生じる紛争や戦争の規模拡大と長期化の要因となった．

　一方，ハーバー・ボッシュ法に先立って開発されたガソリンエンジンおよびディーゼルエンジンも，大気中への大量の窒素酸化物附加の端緒となった．これらのエンジンの開発は，やがて自動車から排出される大量の窒素酸化物による大気汚染と生態系の富栄養化等の窒素過剰現象につながっていくのである．

人為起源の窒素分子の還元物や酸化物は，人類の生命を支える「食糧生産」，それを支える「移動手段」，そして戦いにおける「戦力」という根源的ともいえる欲求と科学技術の発展が結びついて登場した．本節では自然起源の窒素化合物に加えて，人為起源の窒素化合物について概要とともに，現在，地球環境で問題となり始めた窒素による汚染の背景を要約する(佐竹，2010)．

2.1.1 自然起源の窒素化合物

大気中では，エネルギーを蓄積した雷雲と雷雲との間，あるいは雷雲と大地の間で大規模な放電が生じる．放電の際に生じる大きなエネルギーは，窒素分子と酸素分子の結合を可能にする．N_2は酸化されて一酸化窒素(NO)に変わり，さらに二酸化窒素(NO_2)に酸化され窒素酸化物(NO_x)を生じる(いわゆるNO_xはこのNOとNO_2の合計である)．

NO_xの生成と空中放電についての研究は，世界各地で数多く行われている(Jourdan and Hauglustaine, 2001；Beirle et al., 2004；Zhou et al., 2005；Ridley et al., 2005)．例えば，フランス中部の高海抜山岳地帯で行われたZhouらの研究で，雷雲と地上の間で発生する稲光と大気中のNO_xとの関係がきわめて詳細に調べられ，稲光とNO_x量増加との明確な因果関係が示されている．

空中放電によって発生したNO_xは，大気中で雨水に取り込まれHNO_3に変化する．このHNO_3は，雨水や霧と共に湿性降下物として，あるいは大気中に存在するエアロゾル等とともに

乾性降下物に含まれて地表に供給され，地球生態系に取り込まれる．その量は，およそ 3～10 Tg-N/年（T は 10^{12}）と推定され，中間の値として 5 Tg-N/年前後の値が用いられている．この値は，後述する人為起源で供給される窒素量 156 Tg-N/年の約 3%の量と推定されている．

　一方，ラン藻や根粒細菌による窒素固定は，その細胞内に存在する酵素ニトロゲナーゼと ATP による．すなわち，ニトロゲナーゼの触媒作用と光合成によって作られた ATP に蓄積したエネルギーにより，1 分子の N_2 の還元に ATP が 12～15 分子使われ，NH_3 が生成する．

　ラン藻は，約 36 億年前，地球上に最初に登場した光合成植物として知られ，空中放電とともに地球環境に窒素化合物をもたらす重要な役割を担ってきた．ラン藻によって固定された窒素（NH_3）は，生物体内でさらにアミノ酸合成の原料として用いられ，そしてアミノ酸からはタンパク質，DNA，RNA が作られる．ダイズ，レンゲ，クローバー，ハンノキ等の根に共生している根粒細菌も，ラン藻と同様に酵素ニトロゲナーゼを持ち，窒素分子を NH_3 に変化させる．この際のエネルギーは，根粒細菌が共生している植物から供給される．ラン藻は広く陸地と海洋に分布し，根粒細菌は陸地に分布するが，これらの生物による窒素固定量は陸地で 107 Tg-N/年，海洋で 121 Tg-N/年と推定され，空中放電でもたらされる量より多いが，その推定値は論文によって異なる．

　空中放電による窒素化合物の生成と生物による窒素固定が地

球生態系への窒素の供給源であった時代は，窒素が地球環境における生物生産（光合成による植物の炭素固定）の制限要因であり，人類は地球上の様々な場所に集積した限られた窒素資源を利用していた．

その一つに海鳥の糞尿が堆積してできたグアノがある．島嶼に営巣している海鳥は，鳥類の代謝の最終産物である尿酸や魚起源のリン酸カルシウムに富む糞尿を島に排泄する（**図-2.1**）．グアノは，一般にはリン肥料として重視される．しかし，長期の時間を経ていないグアノは，溶脱前の窒素化合物をかなり含んでおり，窒素肥料としても利用できる．例えば，ペルー産のグアノには2.3%のNと19.7%のリン酸（P_2O_5）を含むものがあり，フィリピンのボホール島産のグアノには1.7%のNと

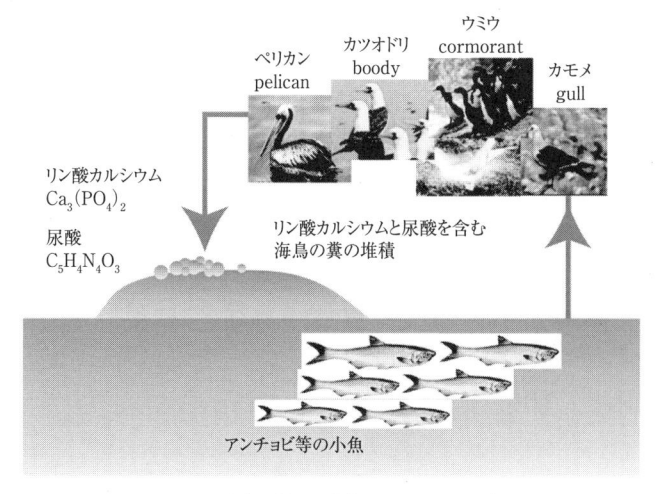

図-2.1 海鳥の糞尿の堆積したグアノの生成

10.1%のP_2O_5, アフリカ産のグアノには2.1%のNと32.7%のP_2O_5を含むものがある (http://www.shk-net.co.jp/shk/organic/data/orgdata328.htm).

しかし、やがて夥しい量のチリ硝石($NaNO_3$)が南アメリカのチリのアタカマ砂漠より発見される．チリ硝石の成因には、海藻の分解説、グアノ起源説、動植物の遺体のバクテリアによる分解説、土壌微生物による大気中の窒素固定説等の諸説があるが、いずれにせよチリ硝石は近年登場した重要な自然起源の窒素資源である．南米チリのアタカマ砂漠は世界で最も乾燥している砂漠である．年間降水量は1mm以下であり、1mm以上の降水は5〜20年に1度、数cmを超す降水は1世紀に数回し

図-2.2 大正時代のチリ硝石の宣伝ポスター

かないとされる．このきわめて乾燥した砂漠にきわめて水に溶けやすい $NaNO_3$ が大量に存在することが明らかとなった．アタカマ砂漠のチリ硝石を含む地層は厚さ数 cm から数 m，幅 30 km，長さ 700 km に及び，チリ硝石の存在量は莫大で，貴重な窒素肥料として世界に登場した．**図-2.2** は大正時代のチリ硝石の宣伝ポスターであるが，いかにチリ硝石が肥料としてもてはやされていたかが伝わってくる．

また，チリ硝石は肥料としてだけでなく，1846 年に合成に成功したニトログリセリン（$C_3H_5N_3O_9$）を用いるダイナマイト等の爆薬の原料としてもきわめて重要な存在となった．チリ硝石の採掘は 19 世紀後半から 20 世紀前半にかけて盛んに行われ，世界の窒素需要を支えた．しかし，チリ硝石も海鳥の糞尿の堆積したグアノもやがて枯渇する有限の資源である．20 世紀の初頭には，人口を支える食糧生産の限界は，それに必要な窒素供給の限界によってもたらされると考えられていた．

2.1.2 人為起源の窒素の附加

自然起源の窒素化合物のみが窒素肥料，そして爆薬の原料として用いられていた時代がしばらく続いた後，やがてそこに大きな変化がもたらされる．

第一次世界大戦直前，イギリスとドイツが対立し，制海権を握るイギリスによって爆薬原料のチリ硝石のドイツへの輸送が止められる中で，ドイツ系ユダヤ人のフリッツ・ハーバーが 1904 年から研究を行っていた空中窒素の固定法がカール・ボ

ッシュとの協力により鉄系の触媒を用いて工業化に成功した．1913年のことである．

この方法は，水蒸気と一酸化炭素を原料として製造した水素と大気中の窒素分子を鉄触媒のもとで反応させ，NH_3を合成する（$N_2+3H_2\rightarrow 2NH_3+92.2\ kJ$）．この反応は，4容積の気体が2容積の$NH_3$になる発熱反応である．発熱反応の促進には，温度を低くする必要があるし，容積の減少する反応の促進には，圧力を高くする必要があるため，触媒の存在を必須とし，ハーバーとボッシュは鉄触媒を用いて成功したのである（山岡，1975）．そして，このようにして合成されたNH_3を白金触媒を用いて大気中の酸素で酸化してHNO_3を製造する．

大気中に無尽蔵に存在する窒素分子を原料とするNH_3合成の成功は，チリ硝石によることなくNH_3やHNO_3を得る道を開いた．そして，HNO_3からは肥料だけでなく爆薬の大量生産も行われるようになった．爆薬の大量生産が可能になったことがドイツの皇帝にイギリスとの対決を決断させ，爆薬の大量生産が第一次世界大戦（1914〜18）を長引かせる結果をもたらしたともいわれている．

ハーバー・ボッシュ法による大気中窒素の固定は，肥料として地球環境に附加される窒素化合物の激増だけでなく，大量の爆薬の消費を伴うその後の数多くの悲劇的な，そして長期的な，戦争や紛争の要因となったのである．

図-2.3にFAOの統計に基づき世界の単位耕地面積当りの窒素肥料の使用量と穀物収穫量の経年変化を示した．この図から

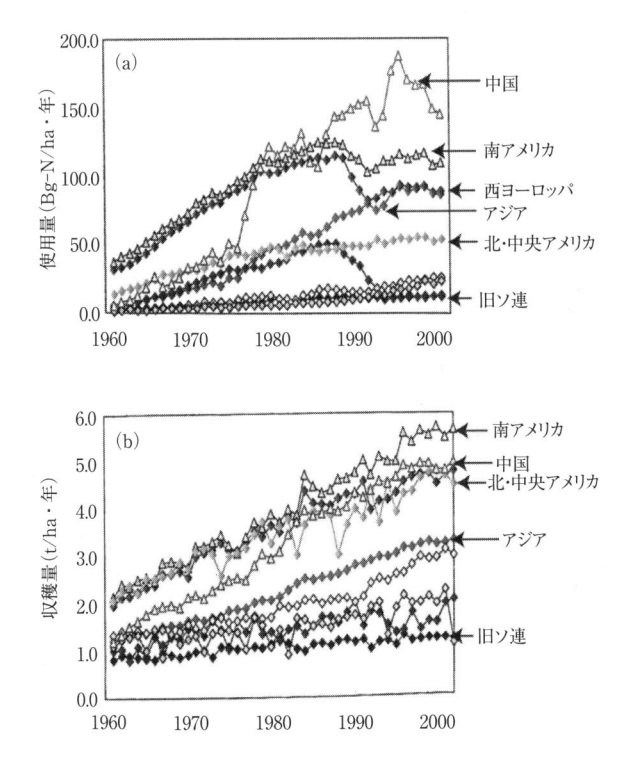

図-2.3 世界の単位耕地面積当りの窒素肥料使用量の経年変化(上)と穀物収穫量の経年変化(下)

窒素肥料投与の増加とその効果が読み取れる(新藤, 2004).

2.1.3 ガソリンエンジンおよびディーゼルエンジンの発明と大気中への窒素酸化物の排出

ガソリンエンジンおよびディーゼルエンジンの開発に起因する大気中への窒素の供給は、19世紀末から始まった。ガソリ

ンエンジンは1883年にダイムラー(Daimler)によって発明され,ディーゼルエンジンは1893年にディーゼル(Diesel)によって発明された.これが自動車の排出する大量の窒素酸化物(NO_x)による大気汚染と生態系の富栄養化,窒素過剰現象につながっていく.

図-2.4に日本の自動車生産台数の時系列変化を示した.1955年以降,自動車生産台数が増加し,1980年以降の生産台数が年間1,000万台を超えていることを示している.現在,生産台数あるいは販売台数が1,000万台前後の国々は日本とアメリカと中国である.

自動車エンジン中でのNO_xの生成は,大気中の窒素分子と酸素分子の反応が1,000℃以上の高温で生じ,温度が高いほどNO_x濃度が増加するという性質によっている(細井,大西,1999).ここで,自動車の排ガスからNO_xが排出される反応プ

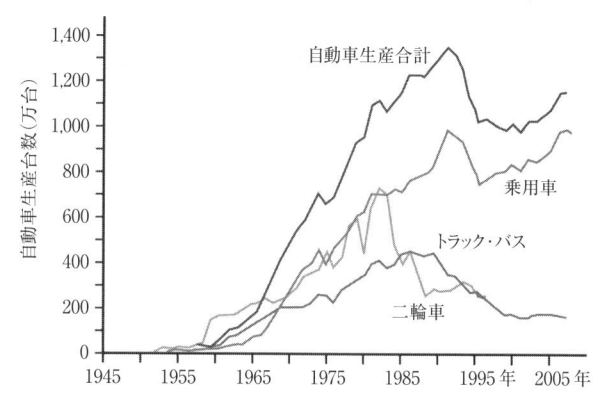

図-2.4 日本の自動車生産台数の推移(資料:日本の自動車産業史,日本自動車工業会)

ロセスを述べる.それは,

① 大気中の窒素分子が酸素分子と化合して NO になるプロセス,
   $N_2 + O_2 \rightarrow 2NO$
② 排出された NO が酸化され NO_2 になるプロセス,
   $2NO + O_2 \rightarrow 2NO_2$
③ NO_2 が雨水や霧等として存在する水に溶けて HNO_3 になるプロセス,
   $3NO_2 + H_2O \rightarrow 2HNO_3 + NO$

に分けられる.

また,HNO_3 は気相中でも生じる.その反応を④に示す(Matsumoto *et al.*, 2006).

④ $NO_2 + OH \rightarrow HNO_3$

このようにして生成した HNO_3 は,湿性降下物あるいは乾性降下物として,いわゆる酸性雨として森林生態系や湖沼・河川の生態系に附加される.そして,生態系の酸性化,富栄養化,人工物の腐食等をもたらす.

大量の NO_x が地球環境に附加されていく中で,ガソリンエンジンの排気ガスに対して,三元触媒法や排気ガス再循環法等の NO_x 発生量削減技術が開発されている.三元触媒法は,一酸化炭素(CO),炭化水素,NO_x の3成分を除去することからその名があり,空燃比を制御し,白金-ロジウム触媒上でCO,炭化水素の酸化と NO_x の還元を同時に行うものである.しかし,最近,このような触媒を装備した自動車から NH_3 が排出することが指摘されており(Matsumoto *et al.*, 2006),その制

御も課題となっている．一方，ディーゼルエンジンについては有効な窒素排出削減技術がなく，ディーゼル車によるNO_xの排出は大きな割合を占めている(細井，大西，1999)．

2.1.4 ま と め

代表的な生元素である窒素は，長い欠乏の時代を経た後に，大量生産・大量消費により過剰に存在する時代へと移り変わった．その背景には，食糧生産，交通，戦争が大きく関係している．食糧生産には肥料が必要であり，自動車は現在の人類の活動に欠かせないし，望ましくない戦争も結果として火薬，爆薬の大量消費を伴うことは避けられない．

どのような生元素も，少量の場合は生物の成長を制限し，過剰の場合には成長を阻害する．生元素の不足が問題となるように，過剰は様々な環境問題を生じる．「過ぎたるは及ばざるが如し」[孔子(論語)]は，欠乏と過剰に伴って生じる環境問題についても当てはまる名言である．

現在のところ，このようにして地球環境に供給される窒素化合物の量を制御するのはきわめて困難な課題のように見える．しかし，地球環境の今後は，資源の大量消費から生じる環境汚染と資源の枯渇の両面で人間活動の制御と汚染対策を必要としている．

窒素の場合，資源は無尽蔵に大気中に存在し，その枯渇はあり得ないが，窒素化合物は人類に様々な恩恵をもたらす一方，炭素やリン等の他の生元素の大量生産・大量消費と相まって，

欠乏と過剰に由来する様々な環境問題が起きている．

窒素汚染の歴史と現状に対する科学的な調査の拡充と，これに基づく対策，そして地球環境の中での生物地球化学的物質循環(biogeochemical cycles)を視野に入れた将来に対する展望と指針の構築が今後に大きな課題として登場している．

2.2 大気降下物の測定

2.2.1 大気中の窒素化合物の存在形態および大気降下物

一酸化窒素(NO)，二酸化窒素(NO_2)およびアンモニア(NH_3)等の窒素化合物は，大気中へガス態で排出され，大気中で反応を繰り返しながら輸送され，その過程で一部はエアロゾル［大気中に浮遊する微小な液体または固体の粒子(日本エアロゾル学会)］態となり，最終的には大気から除去される．

窒素化合物の大気からの除去(地表面への負荷)は，後述する乾性沈着と湿性沈着のプロセスを経て行われる．ガス態およびエアロゾル態で地表面へ負荷されるものを乾性降下物(そのプロセスを乾性沈着)，雨・霧等の水滴に取り込まれて地表面へ負荷されるものを湿性降下物(そのプロセスを湿性沈着)と呼び，両者を合わせて大気降下物と呼ぶ．図-2.5 に主要な窒素化合物の大気中における反応と大気降下物の模式図を示す．

大気中へ排出された NO は，オゾン(O_3)と反応して速やかに NO_2 となり，昼間には $NO \rightleftarrows NO_2$ の相互交換反応が起こる．NO のガス態での地表への負荷はきわめて少ないが，NO_2 のガ

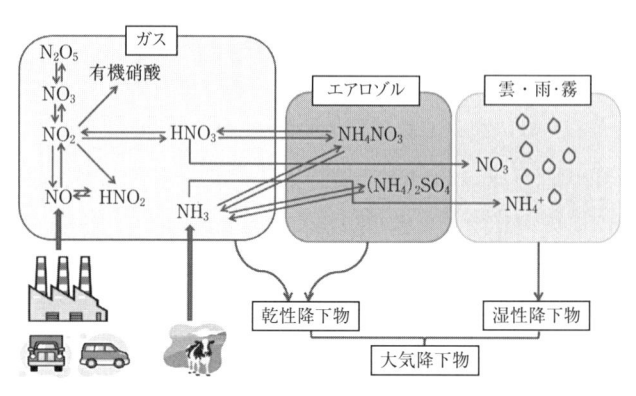

図-2.5 主要窒素化合物の大気中における反応および大気降下物の模式図

ス態での負荷は無視できない量である．NO_2 は，大気中の反応で生成されるヒドロキシラジカル(OH ラジカル)と反応して硝酸(HNO_3)に変換するが，この変換は，夏季では 1 日程度で起こるといわれている．HNO_3 の一部は光解離によって NO_2 に戻るが，対流圏における HNO_3 の解離は，10〜20 日ほどかかるとされている．また，NO_2 は水とも容易に反応し，HNO_3 と NO に変わる．HNO_3 のガス態での地表への負荷は大きく，特に市街地や森林において大きい．また，HNO_3 は水に溶けやすいため，雲・霧・雨等に取り込まれて，降雨によって地表に負荷される．あるいは，海塩粒子や NH_3 等との反応でエアロゾルとなる．エアロゾル態は比較的安定であるため，発生源から離れた場所へと輸送され，地表に負荷される．他にも NO_2 は O_3 と反応して三酸化窒素(NO_3)になり，さらに NO_2 と反応して五酸化二窒素(N_2O_5)になったり，冷水との不均一反応により

亜硝酸(HNO_2)とHNO_3になったり，硝酸ペルオキシアセチル(PAN, $CH_3COO_2NO_2$)等の有機硝酸になったりと，大気中で複雑な挙動を示す．

一方，家畜排泄物による堆肥や化学肥料からの揮散，三元触媒上での生成により大気へ排出されたNH_3は，一部はガス態で地表へ負荷し，一部はHNO_3や硫酸(H_2SO_4)等との反応によってエアロゾルとなり，発生源から離れた場所へ輸送され，地表に負荷される．また，NH_3は水に溶けやすいため，雲・霧・雨等に取り込まれて，降雨によって地表に負荷される．

2.2.2 湿性降下物の測定

湿性降下物は，降水を採取し降水中の成分を分析することにより把握できる．降水の採取法には，感雨式自動雨水採取装置を用いて降水のみを採取する方法と，常時開放型の簡易雨水採取装置を用いて降水等（降水のない期間に大気から降下したものを含む）を採取する方法がある．

感雨式自動雨水採取装置は，感雨センサーが降雨雪を感知すると蓋が開いて採水を開始し，降雨雪が終了すると蓋が閉じて採水を終えるというシステムとなっている．**図-2.6**は神奈川県環境科学センターで使用している装置である．通常は降雨ごと，もしくは一定期間経過後に，蓄えられている試料を回収して分析に供する．試料の変質を防ぐため，装置内に冷蔵庫を備えている機種もある．感雨式自動雨水採取装置は降水のみを採取でき，試料の変質を防ぐことができるが，機器が高価であること，

図-2.6 感雨式自動雨水採取装置

図-2.7 簡易雨水採取装置

電源が必要であることから,多地点での調査に供することは困難である.

一方,常時開放型の簡易雨水採取装置は,イオン成分の溶出のない高密度ポリエチレン製等の容器に,集水部として同じく高密度ポリエチレン製等のロートを設置した装置が一般的である.集水部が常に開放されていて,降雨ごとの湿性降下物,もしくは一定期間の大気降下物を採取する.図-2.7は群馬高専の青井教授が使用している簡易雨水採取装置である.簡易雨水採取装置は,蓋の開閉がないので構造的に単純であり,電源なしで山間僻地等にも設置でき,多数の地点で測定が行いやすいことから空間分解能に優れている.酸性雨等による長期的影響を

把握するようなモニタリングには最適であると考えられる．しかし，長期間採取装置を現場に設置した際の試料の変質や，乾性降下物の影響を排除できず，降下形態を特定できないなどの短所がある(環境庁，1990)．

　得られた試料は，必要に応じてろ過等の前処理を行い，分析に供する．アンモニウムイオン(NH_4^+)や硝酸イオン(NO_3^-)等のイオン性物質に対しては，複雑な前処理なしに，簡易に多数のイオンを同時測定できることから，イオンクロマトグラフィーが用いられることが多い．

　湿性降下物由来の窒素負荷量は，上記により得られた降水試料中のNH_4^+やNO_3^-等の濃度に降水量を乗じて算出する．

2.2.3　乾性降下物の測定

　乾性降下物については，これを直接測定するには特殊な装置が必要なことや，沈着面に関する制約条件があることからかなり困難である(松田，2001)．そのため，まず大気中のガスおよびエアロゾル濃度(C)を実測し，続いて大気中のガスもしくはエアロゾル態で存在している窒素化合物やその他の物質が樹木の表面や地表面等に到達する速さあるいは到達しやすさ(沈着速度：V_d)をモデル式より求め，その積($F = C \times V_d$)から間接的に乾性沈着量(F)を推定する手法(インファレンシャル法)を用いることが多い．

a. 大気中のガスおよびエアロゾル濃度の測定　　大気中の

ガスおよびエアロゾル濃度の測定法としては，拡散デニューダ法，4段ろ紙法，パッシブ法等がある．拡散デニューダ法は，先にガス成分を捕集した後に粒子状成分を捕集するシステムであり，粒子捕集部でガスと粒子の成分同士が反応するなどの変質（アーティファクト）を取り除けるが，取扱いが煩雑であるため，長期間の測定には適していない．

一方，4段ろ紙法は，ろ紙上での変質があるため，精密な測定には適していないが，取扱いが簡単で，長期間の測定に適しているため，国内外で広く用いられている．図-2.8 に神奈川県環境科学研究センターで使用している4段ろ紙法の装置と模式図を示す．F0 は PTFE（ポリテトラフルオロエチレン）ろ紙，F1 はポリアミドろ紙，F2 は 6% 炭酸カリウム（K_2CO_3）+ 2% グリセリン混合水溶液を含浸させたセルロース製ろ紙，F3 は 5% リン酸 + 2% グリセリン混合水溶液に含浸させたセルロース製ろ紙である．吸引速度 1.0 L/分で大気試料を採取し，F0 で大気中のエアロゾルを，F1 で HNO_3 を，F2 で酸性ガス［二酸化硫

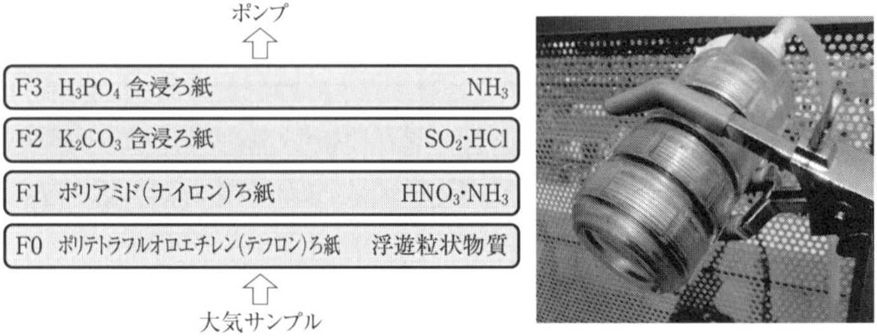

↑ ポンプ	
F3 H_3PO_4 含浸ろ紙	NH_3
F2 K_2CO_3 含浸ろ紙	SO_2・HCl
F1 ポリアミド(ナイロン)ろ紙	HNO_3・NH_3
F0 ポリテトラフルオロエチレン(テフロン)ろ紙	浮遊粒状物質
↑ 大気サンプル	

図-2.8　4段ろ紙法の装置と模式図

黄(SO_2), 塩化水素(HCl)]を, F3 で NH_3 ガスを捕集する. 捕集したろ紙は, F0, F1, F3 は水で, F2 は 0.03％過酸化水素(H_2O_2)水で抽出し, イオンクロマトグラフィー等を用いて測定する. 測定値(nmol)を吸引量(m^3)で除して大気中濃度(nmol/m^3)を算出する.

パッシブ法は, 目的ガス成分を捕集するためのろ紙を大気中に放置し, ろ紙に付着したガス成分を測定し, 大気中濃度を求める方法であり, O式やN式等いろいろな方式がある. 目的ガス成分とろ紙の組合せは, 以下のとおりである.

・HNO_3：ポリアミドろ紙
・O_3, HCl, SO_2：亜硝酸ナトリウム($NaNO_2$)＋炭酸カリウム含浸ろ紙
・NH_3：リン酸(H_3PO_4)含浸ろ紙
・NO_2：トリエタノールアミン(TEA)含浸ろ紙
・窒素酸化物(NO_x)：PTIO＋TEA 含浸ろ紙

パッシブ法はガス状成分の捕集にしか用いることができないが, 電源を必要としないため, 多数の地点での測定が行いやすいことから, 空間分解能に優れてい

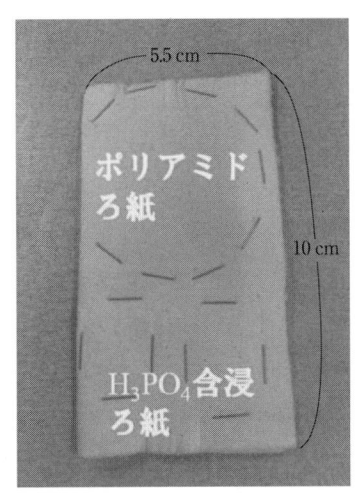

図-2.9 N式パッシブサンプラーの例

る.**図-2.9**に神奈川県環境科学研究センターで使用しているN式パッシブサンプラーの例を示す.二つ折りにしたPTFEろ紙の間にポリアミドろ紙およびリン酸含浸ろ紙を挟んだものである.一定期間大気中に放置した後,ろ紙を取り出し,それぞれ水等で抽出し,イオンクロマトグラフィ等を用いて測定する.

ガス成分の濃度は,O式の場合,目的ガス成分採取量に目的成分ごとの大気中濃度換算係数を乗じ,採取時間数で除して大気中濃度を算出する.大気中濃度換算係数については,小川商会のホームページ(http://ogawajapan.com/measurment.html)を参照されたい.N式の場合は,目的ガス成分の採取量をろ紙面積および採取日数で除してパッシブ法によるガス捕集量とし,サンプリング速度で除して大気中濃度を算出する.サンプリング速度として,全国環境研協議会では,NH_3は767 m/日,HNO_3は213 m/日を用いている(全国環境研協議会,2003).

b. 沈着速度の推定 乾性降下物由来の窒素負荷量は,上記により得られた大気中のガスおよびエアロゾル濃度に,NH_3やHNO_3等の物質ごと,森林や市街地,農地,水面等の地表面の分類ごとの沈着速度を乗じて算出する.沈着速度(V_d)は,大気中から沈着面へ物質が輸送される速度であり,乱流境界層内を輸送される過程での抵抗である空気力学的抵抗(R_a),地表面近傍の層流境界層内を輸送される過程での抵抗である準層流層抵抗(R_b),物質が沈着面で捕捉される過程で生じる抵抗である表面抵抗(R_c)の和の逆数として表され[$V_d = (R_a + R_b + R_c)^{-1}$],そ

れぞれ抵抗が小さいと,物質は移動しやすい(地表面に負荷されやすい).空気力学的抵抗および準層流層抵抗と関係が深いとされている項目に空気力学的粗度がある.空気力学的粗度とは,地表面付近の風速分布を規定する要因の一つで,高さ方向の風速分布から求める風速ゼロの高さで定義されている.空気力学的粗度は,地表面にある風を遮るもの(樹木やビル等)の高さと分布密度に関係している.樹木やビル等の平均的な高さが高く,適度な分布(疎らでも密でもない)であれば,空気力学的粗度は大きくなる.空気力学的粗度が大きいほど乱流が強くなることから,R_a や R_b は小さくなり,物質は移動しやすい.野口ら(2003)が開発した乾性沈着推計ファイル(http://www.hokkaido-ies.go.jp/ seisakuka/acid_rain/kanseichinchaku/kanseichinchaku.htm)を用いると,日射量や風速等の気象データと,地表面の分類(市街地,森林地域,農地,草地,積雪,水面)を入力することにより,沈着速度を算出することができる.

2.2.4 ま と め

湿性降下物については全世界において精力的に調査が行われているが,同様に重要な大気汚染物質の大気からの除去(地表面への負荷)過程である乾性降下物については,試行錯誤の段階である.水域における窒素の問題に取り組むうえでも,乾性降下物由来の窒素負荷量の把握は最重要課題である.

2.3 全国における大気降下量の実態

全国における大気降下量,特に湿性降下量については,長年にわたり環境省と都道府県の環境関係の研究機関が酸性雨調査の一環として,雨や雪等の降水のみをすべて採取して分析するという方法で調査を行っている.調査地点の特徴は,環境省分は遠隔地や山岳が多いのに対し,都道府県分は住宅地や市街地周辺が多い(環境省;全環研,2006).一方,降水によらない乾性降下量については,大気中の濃度と気象条件の観測値,地表の状況等からモデルを用いて推定する手法(**2.2**参照)がよく用いられており,都道府県の機関により全国の観測地点を対象として推定されたデータがある(全環研,2007b).

いずれも,窒素の形態は,アンモニア態(NH_4-N)と硝酸態(NO_3-N)である.両者の和を無機態窒素(I-N)として全国の状況を示す.

2.3.1 湿性降下量

環境省と全環研の結果を用いて2005年度の全国74地点におけるI-Nの湿性降下量を**図-2.10**に示す(環境省;全環研,2007a).

湿性降下量が最も多い地点は群馬県の前橋で,年間20 kg-N/ha,最も少ない地点は東京都小笠原で,年間1.9 kg-N/ha,両者の比は11である.降下量が多いのは,群馬県,日本海側

2.3　全国における大気降下量の実態　　47

図-2.10　I-N の湿性降下量の分布

凡　例
* ＊ 5未満
* △ 5～10
* ● 10～15
* ◎ 15以上
* 単位(kgN/ha/y)

の鳥取県から新潟県の地点であり，東京周辺から埼玉県，栃木県にかけての地点が続く．降下量の少ないのは，離島や北海道である．全般的に湿性降下量の多い関東地方の中で，千葉県と茨城県は群馬県の半分以下であり，地域差が見られる．

　年間の降下量を降水量で割り戻すと，降水中の平均濃度が求まる．**図-2.10** の各地点における 2005 年度の降水中の I-N の平

均濃度を**図-2.11**に示す．最も濃度が高いのは群馬県安中の1.9 mg/L，最も低いのは小笠原の0.096 mg/L，両者の比は20である．濃度が高いのは，関東，日本海側，中部や瀬戸内の一部である．

降下量と降水濃度を比べると，群馬県のようにともに高い地域，北海道のようにともに低い地域がある一方，北陸地方のよ

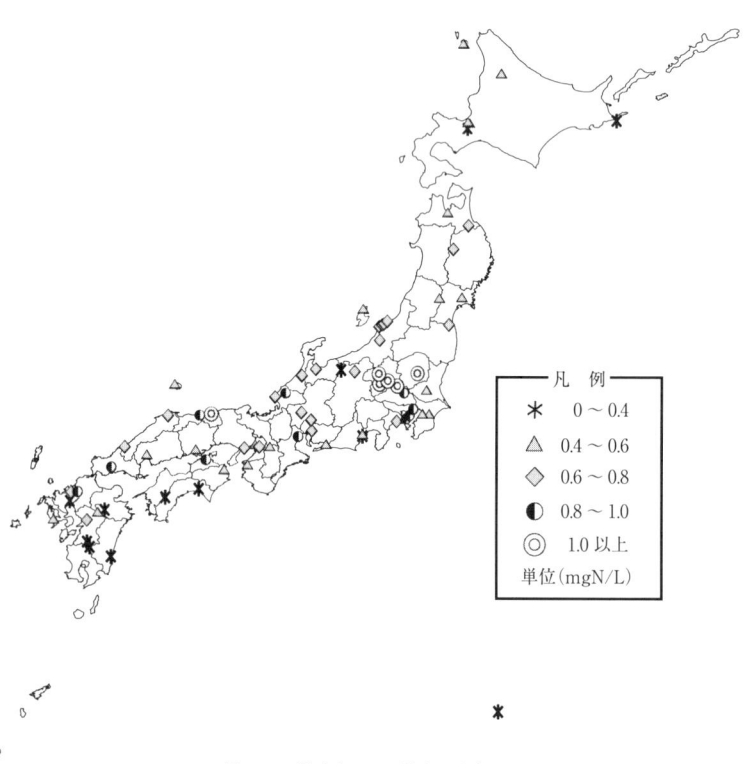

図-2.11　降水中のI-N濃度の分布

うに降下量は高いが，降水濃度は中程度の地域がある．

降水中のI-Nを構成するNH$_4$-NとNO$_3$-Nの濃度の関係を**図-2.12**に示す．NH$_4$-NとNO$_3$-Nの濃度比は，全国的にはほぼ1:1となっている．都市部だけではなく，小笠原等の離島や山岳等においても同様である点は注目に値する．畜産の盛んな地域では，降水中のNH$_4$-NとNO$_3$-Nの濃度比が4:1という報告(横山他，2006)がある．局所的には両者の比は変化すると考えられるが，全般的に見ると，日本では降水中にはNH$_4$-NとNO$_3$-Nがほぼ1:1で存在しているといえる．

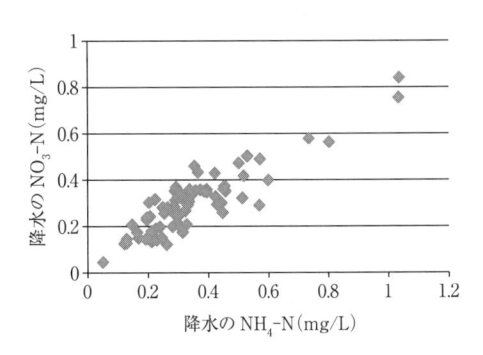

図-2.12 降水中のNH$_4$-NとNO$_3$-Nの関係

2.3.2 乾性降下量

乾性降下物では，ガス態としてアンモニア(NH$_3$)，硝酸(HNO$_3$)，一酸化窒素(NO)，二酸化窒素(NO$_2$)[NOとNO$_2$を合わせて窒素酸化物(NO$_x$)]，粒子態としてはアンモニウムイオン(NH$_4^+$)粒子，硝酸イオン(NO$_3^-$)粒子の濃度が測定されて

いる．都道府県の機関による乾性降下量の推定には，上記の中でNOとNO$_2$を除く4成分が用いられている（全環研，2007b）．

全国30地点で2005年度のデータをもとにしたインファレンシャル法による乾性降下量の推定値と湿性降下量との関係を**図-2.13**に示す（全環研，2007b）．乾性降下量は，湿性降下量とはあまり相関が見られない．また，多くの地点で乾性降下量の方が湿性降下量より少ない．

2.3.3 大気降下量の大きさ

図-2.10，**2.13**から湿性降下量と乾性降下量の中央値を求めると，それぞれ年間8.6，4.3 kg-N/haとなり，両者を合わせた大気降下量は年間13 kg-N/haとなる．この値を一つの目安として，大気降下物による負荷がどの程度の大きさであるのかについて考えてみる．ここでは水質汚濁の進んだ湖沼への流入負荷と農作物の栽培における施肥を取り上げる．

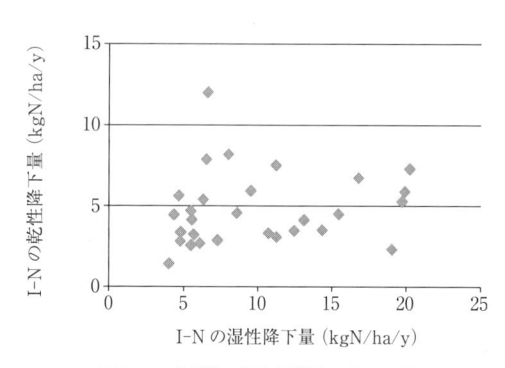

図-2.13 乾性降下量と湿性降下量の関係

水質汚濁の進んだ湖沼では，水質保全を推進するために湖沼水質保全計画が策定されており，その中で4湖沼を取り上げる(滋賀県；長野県，2007；茨城県他，2007；島根県). 計画では湖沼に流入する負荷量が算定されており，それらを流域面積当りの年間値で表したものを**表-2.1**に示す. 湖面を除いた流域から流出し湖へ流入する負荷は，流域面積当り年間7.3～21.5 kg-N/haであり，大気降下の目安とした値とほぼ同じオーダーである. また，湖面への降雨による負荷は湖面積当り年間6.6～21.6 kg-N/haであり，当然ながら大気降下と同じオーダーである.

表-2.1　湖沼水質保全計画における流入負荷(kg-N/ha·年)

	琵琶湖	諏訪湖	霞ヶ浦	宍道湖
流域面積当たりの流入負荷[*1]	17.3	7.3	21.5	11.2
湖面降雨負荷[*2]	9.9	6.6	21.6	15.5
対象年度	2005	2006	2005	2003

*1　流域面積は湖面積を除く，流入負荷は湖面降雨を除く.
*2　湖面降雨負荷/湖面積.

農作物の栽培では，水稲と3種の野菜について生産量の多い都道府県で使用されている施肥基準を**表-2.2**に示す(農林水産省，2010). 作物の種類や栽培方法等によりかなり異なっているが，大気降下量と比べて水稲は3～6倍，野菜では1桁以上高いものがある.

大気降下物や農作物への施肥は流域へ投入される負荷で，**表-2.1**の流入負荷は流域から出てくる負荷であるので，両者を同

表-2.2 農作物への施肥基準の例(kg-N/ha)

作　物	都道府県	条件等	施肥規準
水稲	北海道	石狩北部および空知中南部，低地土(乾)	80
水稲	新潟県	コシヒカリ(平坦部，砂質)	40〜70
キャベツ	愛知県	夏まき11〜12月どり	300
キュウリ	群馬県	促成	370
ネギ	千葉県	秋冬どり，九十九里地域	260

注) 規準は10a当りの値で表示．本表ではha当りに換算した．

一に扱うことはできないが，湖沼等の水環境の保全を考えるにあたって大気降下物による負荷が無視できないものであるといえる．

2.4 大気中での窒素の移動

2.4.1 大気中での窒素化合物の化学反応

大気に排出された一酸化窒素(NO)や二酸化窒素(NO_2)，アンモニア(NH_3)等の窒素化合物は，風の流れにより大気中を移動しながら，紫外線やヒドロキシラジカル(OHラジカル)等との反応が進行する．例えば，NO_2が紫外線を浴びて非メタン系炭化水素と反応すると，光化学オキシダントと呼ばれる物質が生成するが，この光化学オキシダントが日本で初めて確認されたのは1973年の夏である．なお，光化学スモッグの確認はもう少し早く1970年の夏である．

NOやNO_2，NH_3は大気に排出される時はガス態であるが，

大気中での反応により一部は粒子（エアロゾル）態の物質に変化し，両者ともにやがて降下物として地上（場合によっては海上）に達するとされている．

若松らによる大気汚染物質の広域移動と反応の概念図を**図-2.14**に示す（若松他，2001）．反応の結果，生成する粒子態物質の例としては，硝酸（HNO_3）とNH_3から生成する硝酸アンモニウム（NH_4NO_3）が挙げられる．ガス態物質と比べて粒子態物質は安定なため，大気中を移動する距離が長いといわれている（村野，2003）．

2.4.2 首都圏から長野県への大気汚染物質の輸送

光化学反応は，**図-2.14**で示すように大気中で経時的に反応して変化するために，大気汚染物質の広域移動を把握する研究

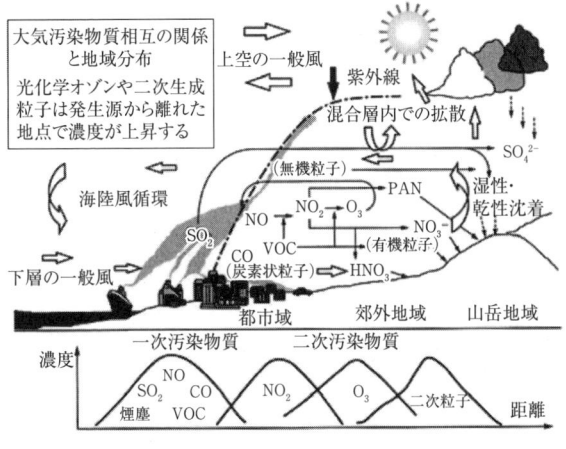

図-2.14 大気汚染物質の反応と広域移動の概念図（若松，2001）

が多くなされている．その中で首都圏から長野県東北部に至る大気汚染物質の移動に着目した研究は，1981年から開始された国立環境研究所と長野県衛生公害研究所の共同研究と，文部省科学研究費で実施された「内陸域における大気汚染の動態」および「沿岸域から内陸域にいたる広域大気汚染に関する研究」である（栗田, 1987）．

これらの研究では，首都圏から群馬県を経由して碓氷峠から長野県に至るルートで大気汚染物質が観測されている．1983年7月26～30日に実施された観測結果を用いて，栗田ら(1986)は大気汚染物質の輸送と変質過程を次のように説明している．

> 早朝の弱風時に東京湾地域に形成された汚染気塊は，光化学反応による変質を伴いつつ12時頃まで滞留し，その後，中部山岳地域の熱的低気圧に吹き込む大規模風が発達するとともに，汚染気塊は内陸に向かって輸送された．16時頃に長野県東部に侵入したこの低温多湿な汚染気塊は，17時頃にはその先端が太平洋側と日本海側の大規模風の収束線に達した．日没後に熱的低気圧が消滅するとともに，山岳地域に停滞した後，山風と相乗して重力風を形成し，日本海側に流下した．汚染気塊の移動経路は，パイロットバルーン観測データから求めた高度100 mにおける風の流跡線と良く一致した．

この説明の基づく1日の風の推移を模式的に示したものが図-2.15である．

実際に関東地方で観測された汚染気塊の経時変化を図-2.16

2.4 大気中での窒素の移動

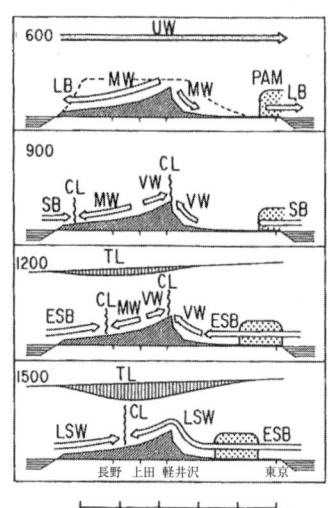

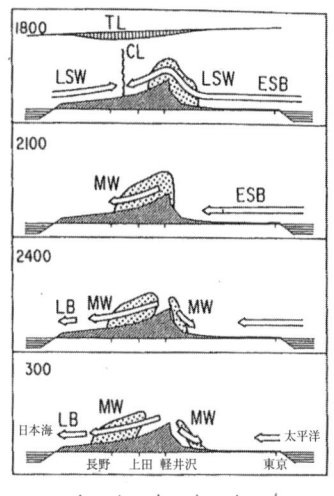

UW：上層風	LB：地上風	LSW大規模風	PAM：汚染大気
MW：山風	SB：海風	TL：熱的低気圧	
VW：谷風	ESB：広域的海風	CL：収束線	

図-2.15 首都圏から長野県への夏季における風の日間変化の模式図

に示す．これは1983年7月29日に観測されたもので，オキシダント(OX)と窒素酸化物(NO_x)の高濃度域の移動の様子を表したものである．汚染気塊のルートはほぼJR高崎線・信越線に沿っており，当日の上空の風の流れとよく一致している，と報告されている(栗田他,1986)．このルートの下に窒素濃度の高い渓流水が観測されている烏川水系碓氷川や鏑川が位置している．

上記のような首都圏から長野県東北部への大気汚染物質の長距離輸送が形成される条件として，①日本列島付近が高気圧に

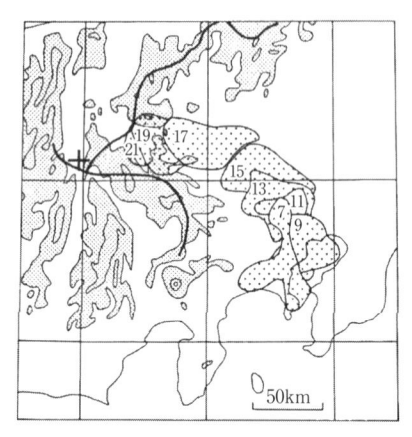

図-2.16 首都圏で発生した光化学スモッグが長野県に達する広域移動の例（栗田・植田，1986）．1983年7月29日のオキシダントと窒素酸化物の高濃度域の移動経路（数字は時刻）

覆われ，②総観規模の気圧傾度がある程度弱く，③上層の傾度風（西風）が弱く，④上層に沈降性の逆転層または安定層が見られること，が挙げられている（栗田他，1988）．

2.4.3 首都圏からの海風による窒素化合物移送仮説

2.4.2 の結果から，首都圏で発生する大気汚染物質は，一定の気象条件が整えば東京湾からの海風（南東地上風）により群馬県内利根川・碓氷川に沿って碓氷峠に進み，夕方到達するとともに滞留し，一部は再び群馬側に谷風に乗って戻ることが推定される．利根川上流域における筆者の長期間にわたる渓流水質と窒素降下量の調査結果と **2.4.2** で述べた栗田らによる大気汚染物質の移動のメカニズムから，筆者は次のような作業仮説を

提案している．

　首都圏で発生する大気汚染に由来する窒素化合物が，海風である地上風に運ばれて，利根川に沿うように群馬県に運ばれ，主に烏川・鏑川ルートで長野県に流れる過程で，県境の山脈で窒素化合物が降下し，広範囲に窒素成分が沈着するとともに，降雨に伴い洗い流されて渓流水の高い窒素濃度となり，河川を通して再び首都圏に戻るというシナリオである．

この作業仮説に基づく広域移動イメージ図を**図-2.17**に示す．

図-2.17　首都圏から群馬県への大気汚染物質広域移動イメージ図

参考文献

2.1

- Beirle, S., U.Platt, M.Wenig, T.Wagner：NOx production by lightning estimated with GOME. *Advances in Space Research*, 34, 793-797, 2004.
- Burns, R.C. and R.W.F.Hardy：Nitrogen fixation in bacteria and higher plants, Springer Verlag, Berlin/New York, 1975.
- Cocks, A.T. (ed.)：The Chemistry and Deposition of Nitrogen Species in the Troposphere, The Royal Society of Chemistry, 1993.
- Dollard, G.J. and T.J.Davies：Measurements of rural photochemical oxidants, In: The Chemistry and Deposition of Nitrogen Species in the Troposphere(Edited by A.T.Cocks), Royal Society of Chemistry, pp.46-77, 1993.
- Goudie, A.S.：Great Warm Deserts of the World, Oxford Univ. Press, p.444(pp.61-81), 2002.
- 細井賢三, 大西博文：自動車排出ガス問題の本質－CO_2とNO_xのやっかいな関係, サイアス12月号, 20-23, 1999.
  http://www.shk-net.co.jp/shk/organic/data/orgdata328.htm
- Jourdain, L. and D.A.Hauglustaine：The global distribution of lightning NOx simulated on-line in a general circulation model, *Phys. Chem. Earth*, 26(8), 585-591, 2001.
- Matsumoto, R., N.Umezawa, M.Karaushi, S.Yonemochi and K.Sakamoto：Comparison of ammonium deposition flux at roadside and at an agricultural area for long-term monitoring: Emission of ammonia from vehicles, *Water, Air and Soil Pollution*, 173, 355-371, 2006.
- Ridley, B.A., K.E.Pickering and J.E.Dye：Comments on the parameterization of lightning-produced NO in global chemistry-transport models, *Atmospheric Environment*, 39, 6184-6187, 2005.
- 佐竹研一：地球環境に附加される自然起源と人為起源の窒素化合物. 地球環境, 15(2), 97-102, 2010.
- 新藤純子：人間活動に伴う窒素負荷の増大と生態系影響, 地球環境, 9(1), 3-10, 2004..
- 山岡望：化学史伝, 内田老鶴圃新社, p.487, 1975.
- Zhou, Y., S.Soula, V.Pont and X.Qie：NOx ground concentration at a station at high altitude in relation to cloud-to-ground lightning flashes, Atmospheric Research, 75, 47-69, 2005.

2.2

- 環境庁大気保全局：酸性雨等調査マニュアル, 1990.3.
- 全国環境研協議会酸性雨調査研究部会：第4次酸性雨全国調査報告書(平成15年度),

全国環境研会誌, Vol.30, No.2, pp.76-77, 2003.
・日本エアロゾル学会：エアロゾルの話, 日本エアロゾル学会ホームページ.
・野口泉, 松田和秀：乾性沈着量推計ファイルの開発, 北海道環境科学研究センター所報, No.30, pp.23-28, 2003.
・松田和秀：酸性物質の乾性沈着量推計のための沈着速度抵抗モデルの開発, 日本環境衛生センター所報, Vol.29, pp.41-45, 2001.

2.3

・環境省：平成17年度酸性雨調査結果について, 環境省ホームページ.
・全国環境研協議会酸性雨調査研究部会：第4次酸性雨全国調査報告書（平成16年度）, Vol.31, No.3, p.121, 2006.
・全国環境研協議会酸性雨調査研究部会：第4次酸性雨全国調査報告書（平成17年度－付表編）, 全国環境研会誌, Vol.32, No.4, pp.224-229, 2007a.
・全国環境研協議会酸性雨調査研究部会：第4次酸性雨全国調査報告書（平成17年度）, 全国環境研会誌, Vol.32, No.3, p.123, 2007b.
・Kentaro HAYASHI, Michiko KOMADA, Akira MIYATA：Atmospheric Deposition of Reactive Nitrogen on Turf Grassland in Central Japan: Comparison of Contribution of Wet and Dry Deposition, Water, Air and Soil Pollution Focus, pp.119-129, 2007.
・横山新紀, 押尾敏夫：千葉県の畜産集中地域におけるNH_4^+とNO_3^-の湿性沈着, 第47回大気環境学会年会講演要旨集, 2006.
・滋賀県：琵琶湖に係る水質保全計画第5期の関連資料.
・長野県：第5期諏訪湖水質保全計画目標値設定基礎資料、第3回長野県環境審議会第5期諏訪湖水質保全計画策定専門委員会, 2007.11.6.
・茨城県、栃木県、千葉県：霞ヶ浦に係る水質保全計画（第5期）, 2007.3.
・島根県：宍道湖に係る水質保全計画（第4期）の関連資料.
・農林水産省：都道府県施肥基準等, 農林水産省ホームページ, 2010.

2.4

・栗田秀實：傾度風が弱い場合の東京湾から中部山岳地域への大気汚染物質の長距離輸送（Ⅰ）, 全国公害研会誌, Vol.12, No.2, pp.55-65, 1987.
・栗田秀實, 植田洋匡：沿岸地域から内陸の山岳地域への大気汚染物質の輸送および変質過程, 大気汚染学会誌, Vol.21, pp.428-439, 1986.
・栗田秀實, 植田洋匡, 光本茂記：弱い傾度風下での大気汚染の長距離輸送の気象学的構造, 天気, Vol.35, No.1, pp.23-35, 1988.
・若松伸司, 篠崎光男：広域大気汚染, 裳華房, 2001.
・村野健太郎：欧米での酸性雨問題の動向とアンモニア研究の進展-大気と土壌における動態研究, 資源環境対策, Vol.39, No.13, pp.47-52, 2003.

第3章
森林の窒素飽和現象

3.1 森林からの窒素流出の特徴

窒素は植物の成長にとって必須の肥料成分である．森林生態系においては，一般的に窒素不足の状態にあるため，森林に降り注ぐ降雨に含まれるアンモニウムイオン(NH_4^+)や硝酸イオン(NO_3^-)等の窒素化合物は森林に吸収され，河川に多量に流出することはない．流出する場合には，窒素化合物はNH_4^+が土壌に吸着されやすい性質のため，NO_3^-の形態で流出する．

森林から流出するNO_3^-濃度は，河川流量に大きく支配されることが多い．図-3.1にアメリカ・ニューヨーク州のBiscuit Brookの流量増加時の溶存成分濃度変化を示す(NAPAP REPORT 12, 1990)．図中のANC[*1]は酸性化に対する中和能力の

[*1] ANC：acid neutralizing capacity の略で，酸中和能力という．アルカリ度とよく似た酸に対する緩衝能力の指標である．酸性雨に対しては，$200\mu eq/L$あれば十分な緩衝能力を持っているとされる．逆に負の値をとると酸性化していることとなる．

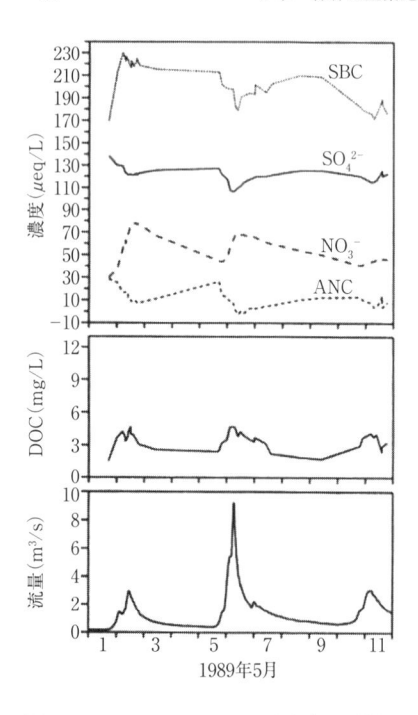

図-3.1 Biscuit Brook における流量変化に伴う各成分濃度の変化

指標であり，SBC は Na^+，K^+，Mg^{2+}，Ca^{2+} の陽イオンの合計のことである．このように一般的な河川では，降雨や融雪水によって流量が増加すると NO_3^- 濃度も上昇する場合が多く，単位時間の流出量（流出負荷）としては流量増加時に多くなる．一方，Na^+，K^+，Mg^{2+}，Ca^{2+} の陽イオンならびに硫酸イオン（SO_4^{2-}）濃度は流量増加時に減少する場合が多い．降雨や融雪水による希釈のためと考えられる．

酸性化に対する中和能力である ANC は流量増加時に減少し，多くの欧米の河川では episodic acidification（一時的な酸性化）がもたらされた．ほとんどのイオン成分濃度が希釈により減少する中，NO_3^- 濃度は増加するため，酸性化に対する寄与が相対的に大きくなる点が窒素流出の特徴であり，注目すべき事実である．

3.2 窒素飽和現象

　植物は大気中の窒素ガスを栄養分として直接には利用できないため，大気から降雨等により供給される窒素化合物や，根粒菌が固定する窒素を利用している．このため，一般的な森林では利用できる窒素が限られていることから，窒素が成長の制限因子[*2]となっている．

　しかしながら，大気から供給される窒素化合物の量が，森林の必要量を上回る状態が継続すると，森林生態系は窒素過多の状態になる．それを「窒素飽和状態」と呼ぶ．いわば，森林のメタボ状態である．窒素飽和が進行すると，河川にNO_3^-が流出することによって下流域の酸性化や富栄養化を引き起こし，また，森林そのものも衰退すると考えられている．

　窒素飽和現象は，Aberらによって提唱された仮説である(Aber $et\ al.$, 1989)．Aberらは，窒素不足の状態にある通常の健全な森林において，降雨等による窒素降下量が増加した時に次第に窒素飽和状態に移行していくという森林生態系の反応を予想し，移行の段階をStage-0からStage-3までの4段階に分類した．Stage-0は窒素不足の健全な森林である．窒素の降下量が増加すると，土壌中の有機態窒素の無機化速度が上昇する

[*2] 成長の制限因子：生物がある栄養素等の物質が不足しているためにそれ以上成長できない場合，その物質を成長の制限因子と呼ぶ．光合成に必要な光が成長の制限因子になっている場合や，乾燥地では水である場合もある．通常，森林は窒素成分が成長の制限因子と言われている．

ため,植物が利用できる窒素の供給量が多くなる.そのため森林の成長速度が増加する.この状態をStage-1とした.この状態が継続すると,土壌中の硝化菌の活性が高まりNO_3^-の生成速度(硝化速度)が大きくなり,NO_3^-が森林土壌から流出する.また,硝化反応に伴い亜酸化窒素(N_2O)[*3]の生成が促進される.このような状態を窒素飽和状態とし,Stage-2とした.Stage-3では,硝化速度がさらに速まり無機化速度にほぼ等しくなる.窒素化合物の降下量よりもNO_3^-の流出量の方が大きくなり,森林が衰退するとしている.

Aberらの森林生態系の反応と同様に,Stoddard(1994)は,渓流水中のNO_3^-濃度の季節変動から,集水域の窒素飽和状態をStage-0からStage-3までの4段階に分類した(**図-3.2**).Stage-0では,植物の非生育期である冬季においてのみNO_3^-が十分に吸収されずに渓流水に流出する時期があるが,ピークでもその濃度は降雨レベルである.一方,植物の生育期である夏季にはNO_3^-は植生に吸収され,濃度はほとんど0になる.Stage-1では,夏季にNO_3^-濃度が低下するが,0近くにまで低下する時間は短い.また,冬季にはピーク濃度が上昇する.Stage-2では,NO_3^-の生成速度が増大し,年間を通じて植生による窒素の吸収を上回って,地下水にNO_3^-が流出する.その結果,基底流量時においてもNO_3^-が渓流水に流出するようになり,NO_3^-濃度の季節変化が見られなくなる.

[*3] N_2Oは二酸化炭素の約300倍の温室効果のある温暖化ガスであるうえ,オゾン層を破壊する物質としても知られている.

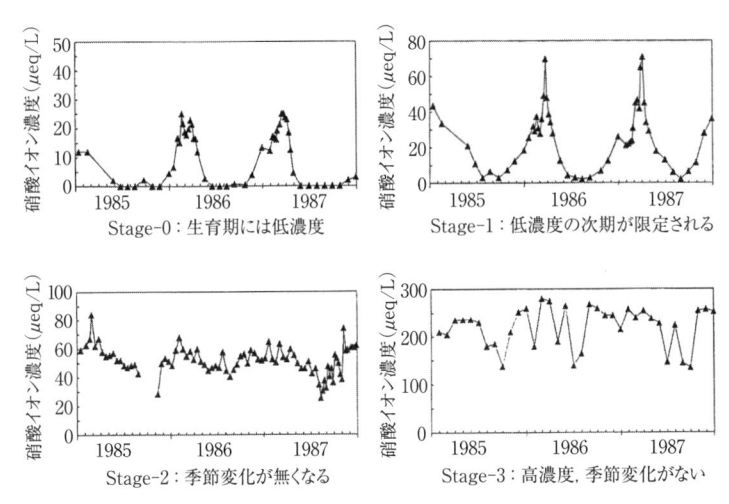

図-3.2 Stoddardによる窒素飽和のStageによる渓流水中NO_3^-濃度の季節変化(Stoddard, 1994). 硝酸イオン濃度100μeq/Lは1.4 mg-N/Lに相当

Stage-3では,季節変化が見られないうえ,渓流水中のNO_3^-濃度は降雨のレベルを上回る.その結果,Aberらの定義したStage-3と同様に,窒素化合物の降下量よりもNO_3^-の流出量の方が大きくなる.

このように森林集水域が窒素飽和に陥ると,環境への悪影響として次のようなことが懸念されている.

① 硝化活性の促進とそれに伴う温室効果ガスであるN_2Oの発生,

② NO_3^-の流出による土壌の酸性化と河川水の酸性化,

③ NO_3^-の河川への流出による下流地域の富栄養化,

④ 森林の衰退とそれに伴うさらなる窒素の流出.

3.3 各地の窒素飽和状況

　日本の河川は欧米の河川と比べて流量の季節変動のパターンが異なることから，NO_3^-濃度の季節変化が現れにくいという報告もある(Ohrui *et al.*, 1994). したがって，Stoddard の Stage の判定が日本の河川に適用できるかどうかは明らかでない点もあるが，本節では河川水中のNO_3^-濃度の季節変化のパターンに基づく Stoddard の基準をもとに各地の窒素飽和現象を検証していく.

a. 窒素非飽和の河川
　図-3.3 は，富山県中部にある射水丘陵三の熊の渓流水中のNO_3^-濃度の経時変化を示したものである. 射水丘陵三の熊はNO_3^-濃度が年間を通して低く，春から夏にかけては 0 近くになっていることから，Stage-0 の状態にあると考えられる. なお，射水丘陵は後述する窒素飽和が著しい呉羽丘陵に隣接しているが，状況は呉羽丘陵とは全く異なる.

　図-3.4 は，屋久島西部渓流水の川原 1 号沢と川原 2 号沢のNO_3^-濃度の経時変化を示したものである. 冬季に高く，夏季に低い傾向

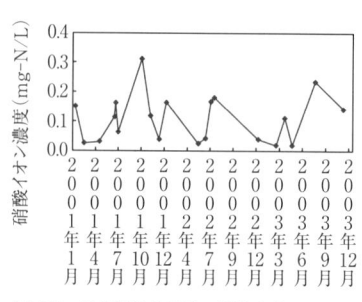

図-3.3 富山県射水丘陵の渓流水中のNO_3^-濃度の経時変化

が顕著に見られる.また,川原1号沢ではNO_3^-濃度のピークが0.3 mg-N/L程度(約20μeq/L)であり,**図-3.2**と比較してStage-0に相当する.川原2号沢ではピークが0.5 mg-N/L程度とやや高く,Stage-0〜1に相当すると考えられる.

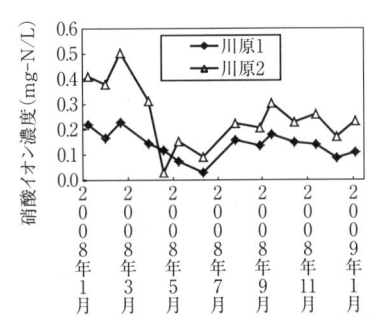

図-3.4 屋久島西部渓流水のNO_3^-濃度の経時変化

b. 群馬県西部

群馬県西部の利根川上流域では,集水域が森林に覆われ,直接的な人為的汚染がないと考えられるにもかかわらずNO_3^-濃度が高い渓流水が多数存在することは**1章**で述べた(**図-1.1**参照).特に群馬県南西部において1.4 mg-N/Lを超えるような高濃度のNO_3^-が広範囲にわたって検出される現象が起きている(青井他,2004;寺西他,2009).

筆者(川上)らは,2007年より妙義湖上流中木川に計測点を設け,降雨と河川水質を定期的にモニタリングしている.その結果,**図-3.5**に示すように河川水中のNO_3^-濃度には季節変化が見られず,高濃度を維持していることがわかった.

また,集水域における窒素の収支を計算すると,降下量と流出量がほぼ同じであった.Stage-3では,流出量が降下量を上回るとされていることから,現状では窒素飽和のStage-2の段階であると考えられる.2007年4月から6月にかけて,また,

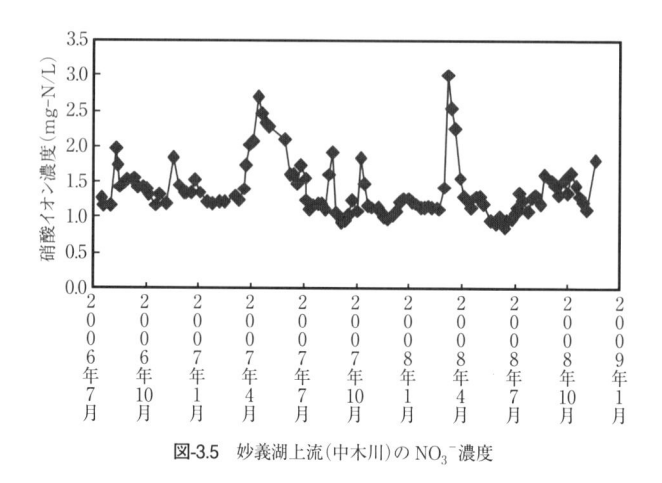

図-3.5 妙義湖上流(中木川)の NO_3^- 濃度

2008年3月下旬に高濃度のピークが見られるが,流量との関わりはなく,原因は不明である.

中木川では,NO_3^- 濃度は単純平均で約 1.4 mg-N/L であったが,図-1.1 で 2 mg-N/L 以上の区分のプロットが並ぶ大沢川上流では,5.6 mg-N/L というきわめて高濃度の NO_3^- が検出されている.窒素の降下量が中木川集水域と大きく変わらないとすると,渓流水の NO_3^- 濃度が高い大沢川の集水域では,流出量が降下量を上回っているものと考えられ,この一帯では一部の渓流水は既に Stage-3 であると考えられる.

なお,この地域は地質的な影響により ANC が高いため,これほどの高濃度の NO_3^- を含んでいても酸性化は見られない.

c. 谷川岳　　谷川岳は群馬県北部に位置し,利根川の支流,

湯檜曽川の源流地である．湯檜曽川の源流には一ノ倉沢や，マチガ沢といった渓流もあるが，**図-3.6** に示すように，岩石帯で植生に乏しい集水域と，森林に覆われた樹林帯の集水域とに分かれている．

図-3.6 谷川岳一ノ倉沢(2008年5月9日)．正面が岩石帯の集水域，写真下部の左側が樹林帯の集水域

この両者の水質を比較したのが**表-3.1**である．数値は2006年8月から2007年12月の間の単純平均で示している．前述したようにAberやStoddardのStageを判断するには窒素収

表-3.1 一ノ倉沢ならびにマチガ沢における NO_3^- 濃度，Cl^- 濃度と濃縮比

集水域の タイプ	NO_3^- (mg-N/L)	Cl^- (mg/L)
一ノ倉沢		
岩石帯	0.38	1.3
樹林帯	0.60	1.4
濃縮比	1.6	1.1
マチガ沢		
岩石帯	0.45	1.2
樹林帯	0.55	1.6
濃縮比	1.2	1.3

支が重要な要素であり,窒素の降下量と流出量のデータが必要である.

しかし,このような山岳渓流では冬季は数 m に及ぶ積雪や鉄砲水により河床の形状が変化し,流量計が流失するなど障害が多く,降下量と流出量のいずれも測定が非常に困難である.

そこで,ここでは樹林帯ならびに岩石帯の渓流水質を比較して窒素収支を推定した.すなわち,植生の乏しい岩石帯は大気から降下した窒素化合物の吸収は少ないと考えられるため,岩石帯の渓流水中の窒素化合物濃度は大気由来の窒素濃度と考えられる.一方,樹林帯では窒素化合物の吸収が見込まれる.しかしながら,谷川岳のこれらの渓流水では表-3.1に示したように,逆に樹林帯の方が NO_3^- 濃度が高かった.

ただし,一般に岩石帯に比較して,樹林帯の方の蒸発散量が大きく,一般的には NO_3^- の濃縮が生じている可能性がある.そこで,蒸発散による濃縮効果の推定を行った.塩化物イオン(Cl^-)は地質からの流出が少なく,土壌中での滞留もないとされていることから,蒸発散による濃縮の影響を推定するのによく用いられている.表-3.1 中の濃縮比は NO_3^- 濃度ならびに Cl^- 濃度について樹林帯の値を岩石帯の値で除したものである.すなわち,Cl^- の濃縮比が植生による蒸発散に伴う濃縮率に相当する.濃縮比は,一ノ倉沢で 1.1,マチガ沢で 1.3 であった.

一方,NO_3^- の濃縮比がそれぞれ 1.6 と 1.2 であった.これは,一ノ倉沢の樹林帯では蒸発散による濃縮以上に NO_3^- 濃度が上昇していることを示しており,樹林帯が NO_3^- の供給源となっ

ていることを示している．降下量より流出量が多くなっているということであり，Stage-3 である．マチガ沢も降下量と流出量がほぼ均衡しており，Stage-3 に近づいていると考えられる．

図-3.7，3.8 は一ノ倉沢の樹林帯と岩石帯における NO_3^- 濃度

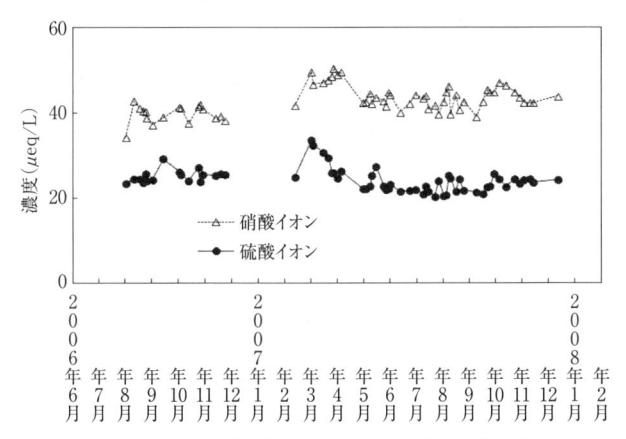

図-3.7 一ノ倉沢樹林帯における NO_3^- 濃度と SO_4^{2-} 濃度

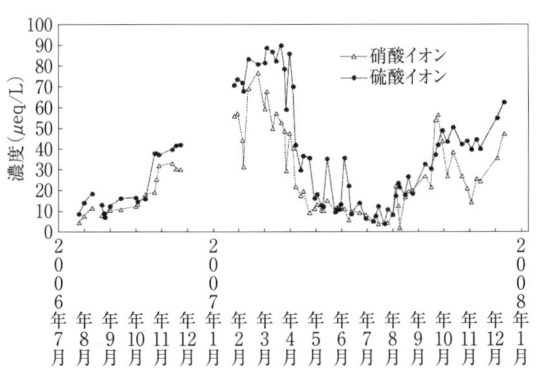

図-3.8 一ノ倉沢岩石帯における NO_3^- 濃度と SO_4^{2-} 濃度

と SO_4^{2-} 濃度である．岩石帯では融雪に伴い NO_3^- 濃度が上昇し，融雪開始時にイオン成分を濃縮して放出する preferential elution が生じている．樹林帯では NO_3^- 濃度に季節変化は見られず，Stoddard の Stage-2 あるいは Stage-3 と合致する．

余談になるが，豪雪のため冬季には近寄ることすら困難な一ノ倉沢での採水は，登山家で谷川岳の登頂回数が 2,700 回を超える森邦広氏の協力の賜物である．厳冬期を含めて非常に高い頻度での採水により一ノ倉沢の水質形成過程を明らかにできたことに謝意を表する．

d. 関東周辺 　　群馬県内だけでなく，関東周辺には高濃度の NO_3^- を含む渓流が多く存在することが明らかになっている．しかし，これまでは 1 回だけの調査や短期間の調査によるもので，年間を通じた調査例はほとんどなく，季節変化に基づき Stage を判断する Stoddard の基準による検証は困難である．唯一の調査例として，埼玉県毛呂山町の鎌北湖への流入河川の 2004 年 11 月から 2006 年 3 月の NO_3^- 濃度の季節変化を**図-3.9**に示す．鎌北湖は，荒川の支流の越辺川の最上流部にあたる．7 月 27 日，8 月 26 日に NO_3^- 濃度の急上昇が見られるが，これらは，前日にそれぞれ 169, 122 mm の降雨があったことから流量が大幅に増加していたものと考えられる．すなわち，この河川の NO_3^- 濃度は流量増加時に高くなる傾向を示している．逆に，10 月 20 日以降は 12 月末まで次第に濃度が低下していくが，この間，33 mm の降雨しか記録しておらず，流量が次

3.3 各地の窒素飽和状況

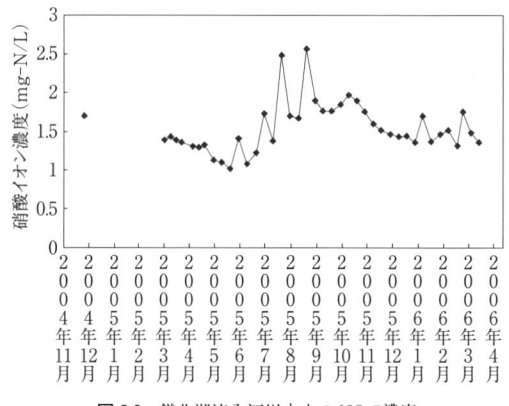

図-3.9 鎌北湖流入河川水中の NO_3^- 濃度

第に低減したものと考えられる．流量のデータがないため，集水域の窒素収支の算出は困難であるが，夏季に NO_3^- 濃度が大幅に低下するという明瞭な季節変化は見られず，Stage-2 の段階ではないかと考えられる．

e. 富山県呉羽丘陵 呉羽丘陵は富山市の西部に連なる南北7 km，幅約1 km，標高 145 m の小さな山塊で，その斜面には，多くの渓流が流れている．それらはいずれもきわめて高濃度の NO_3^- を含むのが特徴であり，窒素飽和が疑われる(Kawakami et al., 2001)．それらの中の一つである百牧谷(**図-3.10**)の渓流水中の NO_3^- 濃度の経時変化を**図-3.11**に示す．濃度が大きく変動しているが，これは流量の変動に伴うものである．百牧谷の流量と NO_3^- 濃度ならびに SO_4^{2-} 濃度との関係を**図-3.12**に示す．流量を対数にとると，いずれも直線関係が得られ，流量増

図-3.10 呉羽丘陵の小さな渓流百牧谷に設置した流量観測用の堰

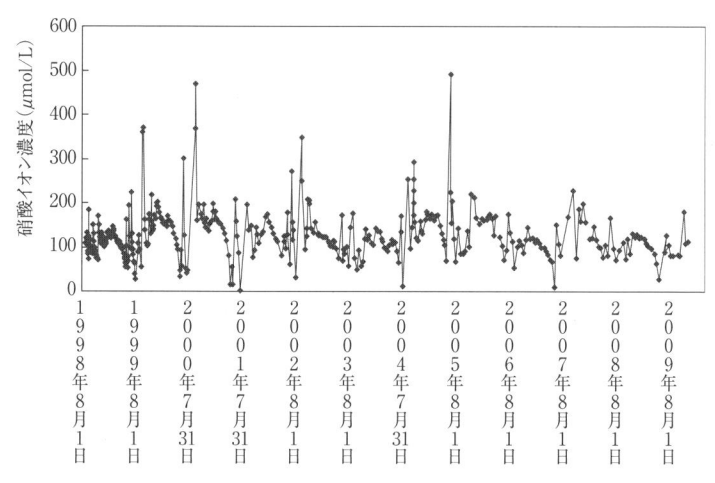

図-3.11 呉羽丘陵百牧谷における NO_3^- 濃度の経時変化

加に伴い NO_3^- 濃度が増加し,逆に SO_4^{2-} 濃度は減少している.これは NO_3^- 濃度は流量にのみ依存しており,季節変化がないことを示している.

3.3 各地の窒素飽和状況

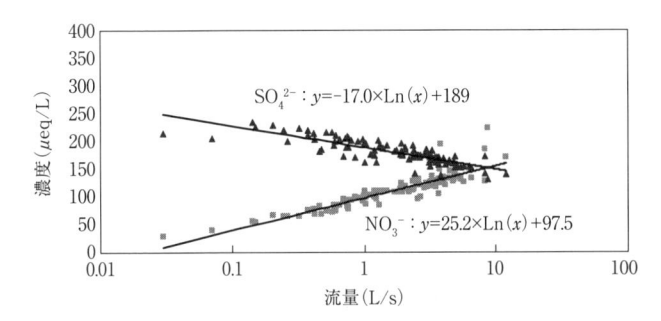

図-3.12 呉羽丘陵百牧谷における流量と SO_4^{2-}，NO_3^- 濃度との関係
（NO_3^- の $100\,\mu eq/L$ は $1.4\,mg\text{-}N/L$ に相当）

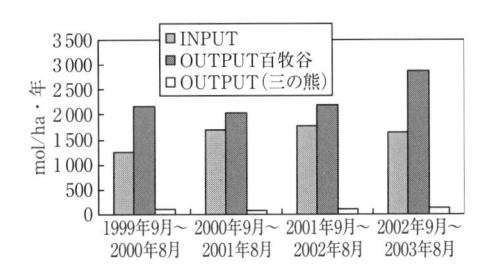

図-3.13 百牧谷集水域（窒素飽和）と三の熊集水域（窒素非飽和）における窒素収支

次にこの集水域における窒素収支を見てみる．**図-3.13** には百牧谷集水域の窒素収支に加えて，前述の窒素非飽和河川としての射水丘陵三の熊集水域の収支も併せて示す．図中のINPUTは，林床に降雨として降ってくる林内雨の全窒素量を測定した値である[*4]．一方，OUTPUT は渓流水に NO_3^- として

[*4] 樹冠を通過して林床に降る雨を林内雨という．一般に林内雨は，樹木の葉に付着している乾性降下物を洗い流すため，林外雨に比べて多くの溶存成分を含む．また，降雨中には窒素化合物としてアンモニア態窒素（$NH_4\text{-}N$），有機態窒素，硝酸態窒素（$NO_3\text{-}N$）等が含まれるが，これらの総量を全窒素という．

流出する窒素量を測定した値である．三の熊と百牧谷は直線距離で5kmほどしか離れておらず，植生にも差がないので，INPUTはどちらも同じとした．

三の熊では各年度ともにOUTPUTはINPUTに比較して大幅に減少している．これは，降雨によりもたらされた窒素成分が集水域内で利用され、渓流水に流出していないことを示している．

一方，百牧谷では，各年度ともにINPUTよりOUTPUTが多い．AberらやStoddard共にStage-3においては流出量が降下量を上回るとしていることから，百牧谷集水域は窒素飽和状態のStage-3に相当すると考えられる．ただし，百牧谷ではAberらが予想したStage-3における現象としての森林の衰退はこれまでのところ観察されていない．

このように，百牧谷では窒素の流出量が降下量を上回っていることから，集水域内に窒素の供給源が存在するはずである．現状では，供給源は土壌中の有機態窒素であると考えられている．一般的に日本は土壌層が厚く，豊富な有機態窒素を含んでいる．窒素飽和化に伴い，硝化活性が高まり，この土壌中の有機態窒素がNO_3^-に酸化され流出していると考えられる(Honoki *et al.*, 2001)．

なお，百牧谷の水質として，ANCは年間の平均が-9μeq/Lであり，酸性化している．呉羽丘陵の渓流はもともと地質にパイライトを含み，SO_4^{2-}の流出が多いことから酸性化傾向にあるが，流量増加時にはさらにNO_3^-が増加し酸性化が進行する．

3.3 各地の窒素飽和状況

図-3.12に示すように，流量増加に伴いSO_4^{2-}が減少するが，NO_3^-の増加がこれを上回るため，酸性化が進行する（石浦他，2005）．SO_4^{2-}とNO_3^-の逆相関は，図-3.1のBiscuit Brookをはじめ，集水域の樹木を皆伐し窒素飽和を起こさせたアメリカ・ニューハンプシャー州のHubbard Brook等の窒素飽和の渓流水に多く見られる現象である．しかしながら，この原因はよくわかっていない．

Aberらは Stage-3 ではN_2Oの発生を予測している．そこで百牧谷においてN_2Oの発生量を測定し，窒素非飽和の射水丘陵三の熊森林土壌からのN_2Oの発生量と比較した．測定方法は連続通気法と呼ばれる方法で，チャンバーを林床に設置し，チャンバー内の空気をポンプを用いて一定速度で吸引し，チャンバー内部のN_2O濃度が一定になるまで数日間待ち，その後，チャンバーの内部と外部とのN_2Oの濃度差から，N_2Oの発生量を推算する方法である．N_2Oの発生量の結果を図-3.14に示す．三の熊は，前述のように百牧谷の南西約5 kmの射水丘陵に位置し，地質や植生は百牧谷集水域と同じだが，渓流水にNO_3^-の流出は見られず，窒素飽和にはなっていない．このように，窒素飽和の

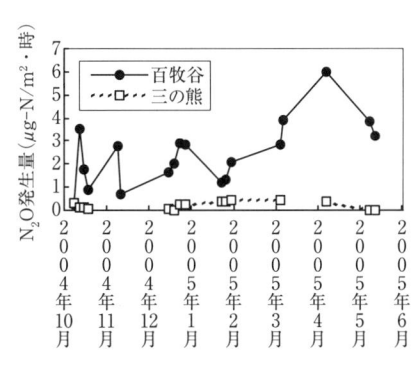

図-3.14　N_2O発生量の比較

百牧谷では窒素非飽和土壌に比較して N_2O 発生量が 11 倍に増加しており,Aber らの推測が正しいことが確認された(川上,2005).

ただし,Aber らは,硝化活性が高まることによる N_2O の発生量の増加であるとしているが,百牧谷土壌では室内実験の結果,硝化に伴う N_2O 発生はほとんど見られず,脱窒に伴い N_2O が発生していることがわかった.

f. 六甲山　六甲山は,大阪平野の西部に位置し,東西約 30 km,南北約 10 km,最高標高 931 m の山地である.主な地質は花崗岩であり,風化によりマサ土化している.花崗岩と比べると割合は少ないが,古生層や白亜紀後期の酸性火山岩からなる有馬層群も分布している.六甲山地で,集水域に人家や農地等の人為的汚濁源のないことを確認した 56 地点の渓流水を対象として,2003 年 12 月〜2005 年 6 月に,全窒素(T-N),硝酸態窒素(NO_3-N),亜硝酸態窒素(NO_2-N),アンモニア態窒素(NH_4-N)を 1〜5 回測定した.**図-3.15** に採水地点と T-N の平均濃度を示す.

T-N は 0.28〜7.10 mg/L(平均:1.43 mg/L)であり,そのうち NO_3-N は 0.11〜6.88 mg/L(平均:1.29 mg/L)で,T-N の 90%を占めている.NO_2-N と NH_4-N はいずれも検出下限値以下であり,T-N の残り 10%は有機態窒素といえる.

T-N が 1 mg/L 以上の地点は全体の 48%を占めており,六甲山の最高峰の南斜面,西部の摩耶山の南西斜面で多く見られ

3.3 各地の窒素飽和状況

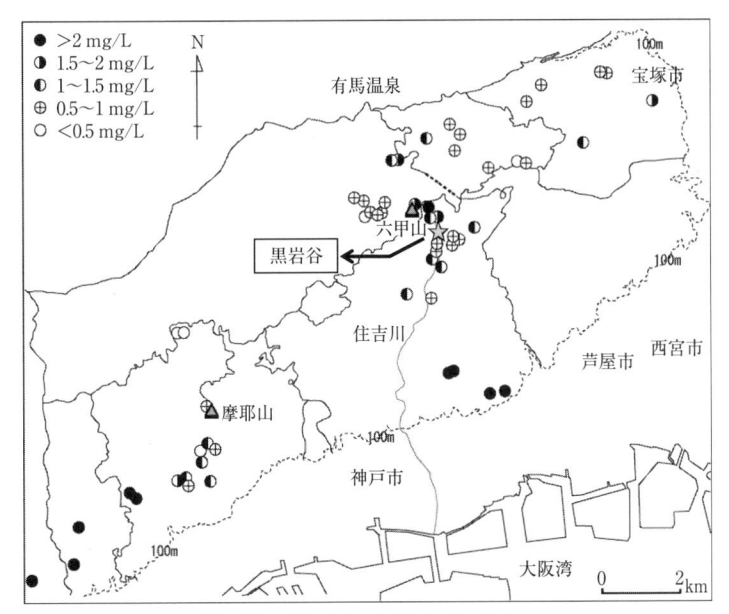

- ● >2 mg/L
- ◗ 1.5～2 mg/L
- ◑ 1～1.5 mg/L
- ⊕ 0.5～1 mg/L
- ○ <0.5 mg/L

注：図中の山地部の実線は主要道路を示す．点線は標高を示す．

図-3.15 六甲山地渓流水の採水地点および全窒素の平均濃度

る．逆に，0.5 mg/L 以下の低い地点は，稜線沿い，および北斜面で見られる．

これらの渓流のうち，最高峰直下に源を発する住吉川上流の標高約 700 m の黒岩谷(図-3.15 の☆の地点：集水域面積 37.8 ha)において，2002 年 12 月～2004 年 12 月に T-N の収支を求める調査を行った．降水については常時開放型採取装置で毎月 1 回採取したもの(バルク降水)，流出水については毎週 1 回と出水時に採水と流量の測定を行い，T-N 収支を算定した．黒

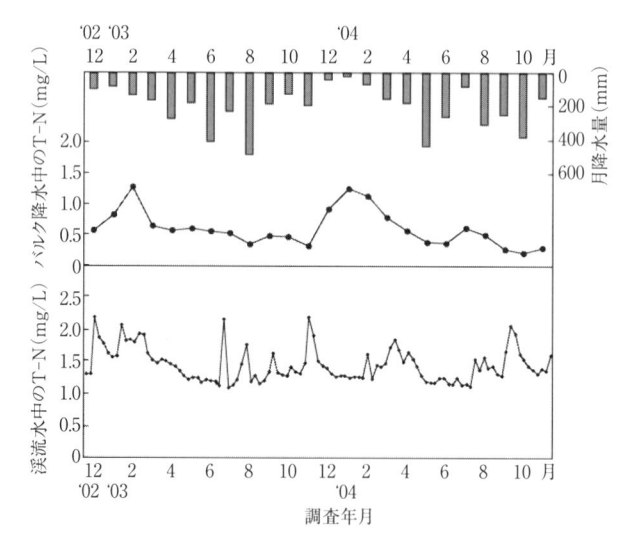

図-3.16 六甲山(黒岩谷)における降水量，バルク降水および渓流水の全窒素濃度の変化

岩谷の降水量，降水の T-N 濃度，流出水の T-N 濃度の推移を**図-3.16**に示す．降水の T-N 濃度は，冬季の降水量の少ない時期に高く，降水量の多い時期に低い傾向が見られる．一方，流出水の T-N 濃度は，出水時にパルス的に高くなっている他は，特に顕著な季節変化は見られない．

黒岩谷地点における T-N の収支を**表-3.2**に示す．2 年目の流出高はやや過大に見積もられた可能性があるが，降水によりもたらされた量をかなり上回る量の T-N が流出している．

六甲山地では，高濃度の T-N および NO_3^- が検出される渓流が少なからず存在しており，その中のひとつである黒岩谷では，年間の収支で，常時開放型の装置で採取した降水中の量よ

表-3.2 六甲山(黒岩谷)における水収支およびT-N収支

	降水量 (mm)	流出高 (mm)	流出率 (%)	収入(I) (kg/ha·年)	支出(O) (kg/ha·年)	収支 (O/I比)
2002年12月～ 2003年21月	2,539	1,577	62	14.0	24.9	1.8
2003年12月～ 2004年21月	2,336	1,952	84	10.3	33.2	3.2

り多い量のT-Nが流出していることから，窒素飽和の段階でStage-3と判断される集水域が存在していると考えられる．

これまで見てきたように，日本には窒素飽和が疑われる河川が多数存在する．これまで，窒素飽和現象は一部の河川にとどまると考えられてきたが，群馬県では広範囲に広がり，また，六甲山地等にも広がりを見せている．

参考文献
- Aber, J.D., Nadelhoffer, K.J., Steudler, P., and Melillo, J.M. : Nitrogen Saturation in Northern Forest Ecosystems, *Bio Science*, 39(6), 378-386, 1989.
- Honoki, H., Kawakami, T., Yasuda, H., and Maehara, I. : Nitrate Leakage from Deciduous Forest Soils into Streams on Kureha Hill, Japan, *The Scientific World*, 1 (S2): 548-555, 2001.
- Kawakami, T., Honoki, H, and Yasuda, H. : Acidification of a small stream on Kureha Hill caused by nitrate leached from a forested watershed, *Water, Air, and Soil Pollution*, 130: 1097-1102, 2001.
- Kawakami, T., T.Teranishi, S.Negimura, T.Aoi, N.Miyazato, T. Nagata, C.Yoshimizu, I.Tayasu, K.Mori : Nitrogen saturation and acidification of streams on Mt.Tanigawa on the northern edge of the Kanto Plain, Japan Proceedings of 12th International Conference on Integrated Diffuse Pollution Management in CD-ROM, 6pages, 2008.

- NAPAP REPORT 12, Wigington, P.J., T.D.Davies, M.Tranter, K.N.Eshleman: Episodic Acidification of surface Waters Due to Acidic Deposition, 1990.
- Ohrui, K., and M.J.Mitchell : Nitrogen Saturation in Japanease Forested Watersheds, *Ecological Applications*, 7(2), 391-401, 1997.
- Stoddard, L.J. : Long-Term Changes in Watershed Retention of Nitrogen, in L.A.Baker(ed.), *Environmental Chemistry of Lake and Reservoirs, Adv. Chem. Ser.*, 237, 223-284, 1994.
- 青井透, 森邦広, 平野太郎：首都圏から飛来する大気汚染物質(窒素化合物)と越後山脈周辺の雨水及び沢水中窒素濃度との関係, 第41回環境工学研究論文集, 97-104, 2004.
- 石浦優子, 川上智規：窒素飽和状態の渓流水において見られる硝酸イオンと硫酸イオンの逆相関, 土木学会環境工学研究論文集, 42巻, 287-295, 2005.
- 川上智規：森林土壌の窒素飽和化による亜酸化窒素発生フラックスの増加, 土木学会環境工学研究論文集, 42巻, 163-170, 2005.
- 木平英一, 新藤純子, 吉岡崇仁：大気から森林への窒素沈着と渓流水質-全国渓流調査の結果から, 第22回酸性雨問題研究会シンポジウム, 2005..
- 駒井幸雄, 都市近郊山林集水域からの窒素流出の特性と評価に関する研究報告書, 河川整備基金助成事業, 2003.
- 寺西知世, 川上智規, 青井透, 宮里直樹, 森邦広：利根川源流域における窒素飽和現象によるとみられる硝酸イオンの流出-その広がりと経年変化-, 土木学会環境工学研究論文集, Vol.46, 355-359, 2009.

第4章
窒素の排出源の特定

4.1 安定同位体法による排出源の特定

　河川に負荷される窒素の排出源の正確な特定は，河川環境の効果的かつ効率的な管理にとって重要な課題のひとつである．流域の詳細な窒素収支の研究は，この課題を解決するうえで不可欠である．しかし，窒素負荷の規模や経路は，それぞれの流域の持つ気象，水文，地質，植生，土地利用，産業等の違いによって大きく異なり，その波及効果の現れ方やメカニズムもきわめて複雑になる．そのため，物質収支法による排出源の特定においては，原単位の精度向上や降雨イベント時の負荷量推定といった面において克服すべき問題点も多く残されている．本節では，物質収支法の問題点を補い，河川に負荷される窒素の起源を推定する簡便な手段に安定同位体比を用いる新しい方法を紹介する．近年，硝酸イオン（NO_3^-）に含まれる窒素と酸素の安定同位体比から，排水由来，大気由来の窒素を判別できる

ことが明らかになっている．この原理を使うことにより，河川に負荷される窒素の起源や流入・流出経路に関する有用な情報を得ることができる．ここでは，安定同位体法の基本概念を簡単に紹介した後，河川管理手法としての有効性と問題点を整理する．安定同位体法についてのより詳細な解説と，流域環境評価における総合的な適用に関しては，永田(2008)を参照されたい．

4.1.1 安定同位体比の定義と記述法

原子の質量の大部分を占める原子核は，陽子と中性子の2種類の粒子から構成されている．原子の化学的な性質は，主に電気を帯びた粒子である陽子が原子核中に何個含まれるかにより決まる．例えば，窒素原子は陽子数7個の原子，酸素原子は陽子数8個の原子である．陽子数と中性子数の和を質量数と呼ぶが，この値は原子の重さを表していると考えて差し支えない．

酸素原子にも，窒素原子にも，それぞれ中性子数が異なるもの，つまり化学的な性質は類似しているが，質量数が異なる原子が存在する．これらはメンデレエフの周期律表の中で同じ位置を占めることから，同位体(isotope：*isos*，同じ，*topos*，位置)と呼ばれる．同位体のうち，放射線を発して原子核が崩壊するものを放射性同位体，原子核が安定な状態にあり放射線を発しないものを安定同位体と呼ぶ．例えば，酸素には3種類(^{16}O, ^{17}O, ^{18}O)，窒素には2種類(^{14}N, ^{15}N)の安定同位体が存在する(同位体は，元素記号の左肩に質量数を付けて表す)．重

い窒素(^{15}N)と軽い窒素(^{14}N)の存在比のことを窒素安定同位体比(^{15}N/^{14}N)と呼び,重い酸素(^{18}O)と軽い酸素(^{16}O)の存在比のことを酸素安定同位体比(^{18}O/^{16}O)と呼ぶ.

安定同位体比は,質量分析計で測定し,通常,標準物質の安定同位体比に対する偏差を千分率[パーミル(‰)]で示すデルタ表記法(例えば,下式の δ^{15}N)を用いて表記する.**4.1.2** 以降は,安定同位体比はデルタ表記法によるものとする.

$\delta^{15}\text{N} = (R_{試料}/R_{標準} - 1) \times 1{,}000$ (‰), $R = {}^{15}\text{N}/{}^{14}\text{N}$

$\delta^{18}\text{O} = (R_{試料}/R_{標準} - 1) \times 1{,}000$ (‰), $R = {}^{18}\text{O}/{}^{16}\text{O}$

ここで,$R_{試料}$,$R_{標準}$:試料と標準物質の安定同位体比.

標準物質としては,窒素の場合は大気中の窒素ガス,酸素の場合は標準海水(H_2O の O)を用いる.

4.1.2 硝酸イオンの安定同位体

NO_3^- は,河川や湖沼の無機窒素化合物の主要な分子種である.化学式から明らかなように,NO_3^- は窒素原子と酸素原子から構成されており,δ^{15}N と δ^{18}O という2種類の安定同位体比を計測することができる.これらの安定同位体比には,NO_3^- の起源や反応履歴が「刻印」されている.**図-4.1** に流域の NO_3^- の安定同位体比の変動に関する窒素循環の模式図を示す.河川への窒素の流入経路は複雑であるが,この図では,河川水中に流入する NO_3^- を土壌由来(森林,農耕地を含む),排水由来(下水処理場,畜産排水等を含む),大気由来(湿性および乾性沈着を含む)に大別した.また,**図-4.2** のダイアグラムでは,

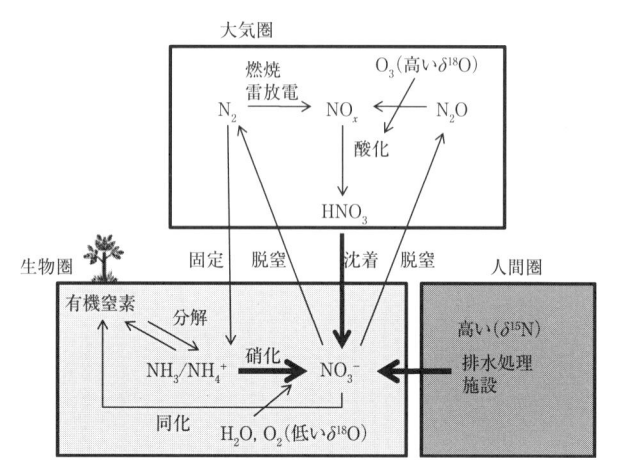

図-4.1 流域における NO_3^- を中心とした窒素循環と安定同位体比の変動要因を表す模式図［大手(2008)を改変］

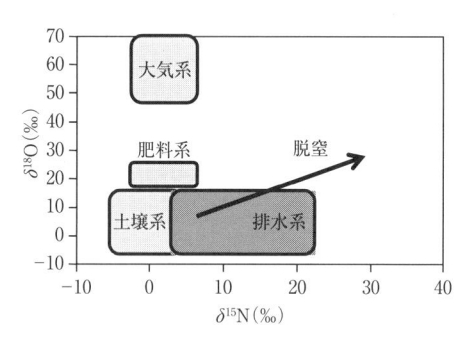

図-4.2 起源による NO_3^- の安定同位体比の違いを表すダイアグラム［Kendall *et al.*(2007)を改変］

NO_3^- の安定同位体比が起源により異なることを整理した．以下，**図-4.1**，**4.2** より起源の異なる NO_3^- の安定同位体比の特徴をまとめる．

① 下水や畜産排水の処理場に由来する NO_3^- は，窒素の安定同位体比が高い（$\delta^{15}N = +10～+20‰$）という特徴がある．処理場では，アンモニア（NH_3）の揮発や脱窒に伴い軽い窒素（^{14}N）が選択的に大気中に放出されていく一方，処理槽内に重い窒素（^{15}N）が「濃縮」する（この現象を同位体分別という）．その結果，河川に排出される水の NO_3^- は $\delta^{15}N$ 値の高いものとなる．

② 大気由来の NO_3^- は，酸素の安定同位体比が高い（$\delta^{18}O = +60～+90‰$）という特徴を持つ．原因は，大気中における窒素酸化物（NO_x）とオゾン（O_3）との間に起きる酸素交換反応にある．大気中で O_3 は非常に高い $\delta^{18}O$ 値を示すが，この特徴（同位体シグナル）が大気由来の NO_3^- の $\delta^{18}O$ に伝播するのである．

③ 土壌（森林，農地）において，硝化により生成される NO_3^- の $\delta^{15}N$ は，肥料や土壌有機物の $\delta^{15}N$ の値を反映し，0‰を中心に約 ±10‰ の範囲で変動する．一方，$\delta^{18}O$ は，硝化が進行する場の水と分子状酸素の $\delta^{18}O$ の値の影響を受けて変動し，おおむね $-10～+10‰$ の範囲に収まる．

④ 地下水，湖沼の深底部，河口域等の還元的な環境中では，脱窒による NO_3^- の還元が起こる．上述のように，脱窒には大きな同位体分別が伴う（つまり，脱窒の進行に伴い NO_3^- の $\delta^{15}N$ と $\delta^{18}O$ が上昇する）．したがって，**図-4.2** において矢印で示しているように，ある環境中で脱窒が活発に進行している様子が $\delta^{15}N-\delta^{18}O$ ダイアグラム上で直線的に並

んだプロットとして検出できる.

4.1.3 排出源の定性的な評価

集水域における多地点観測や，1つの河川における縦断観測を行うことにより，大気由来窒素あるいは排水由来窒素の負荷の強度が高いと思われる地点を見つけることができる.

筆者（永田）らが滋賀県の野洲川中上流域で行った多点調査（約200地点）の結果において，河川水中のNO_3^-濃度が流下軸に対して比較的単調に増加したのに対し，窒素安定同位体比や酸素安定同位体比は，特定の小河川で著しく高い値を示すことが明らかになった.

また，琵琶湖の流入河川を網羅的に調査した結果，NO_3^-の排出源が地域的，季節的に大きく変動することが明らかになった（**図-4.3**）．前述のように，NO_3^-の$\delta^{15}N$が高いということは，排水由来窒素の負荷の強度が高いことを表し，一方，$\delta^{18}O$が高いということは，大気由来窒素の負荷の強度が高いことを表す．したがって，地図上にNO_3^-の$\delta^{15}N$と$\delta^{18}O$をプロットすることで，濃度分布だけでは判別が困難な，集水域における窒素の負荷状況（起源の違い）を視覚的に表現することができる．$\delta^{15}N$の高い地点では，排水由来窒素の負荷が高いと推定される．一方，$\delta^{18}O$の高い地点では大気由来窒素の負荷が高いと推定される．

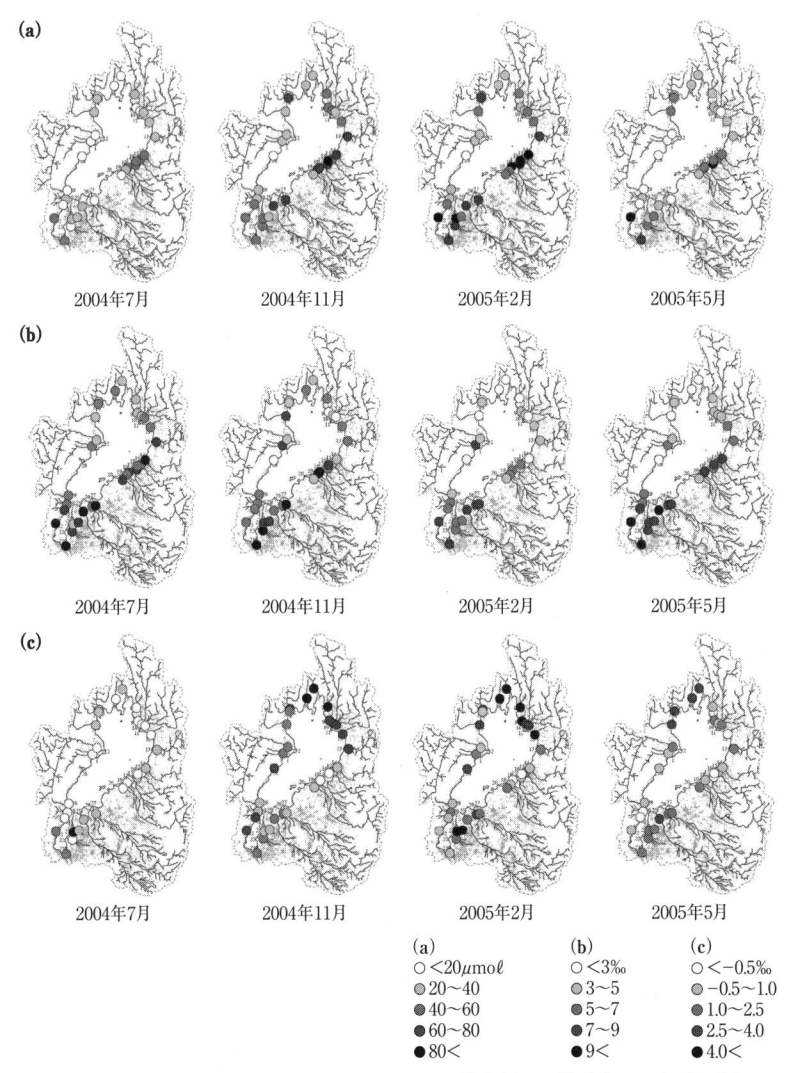

4.1 安定同位体法による排出源の特定

(a)

2004年7月　2004年11月　2005年2月　2005年5月

(b)

2004年7月　2004年11月　2005年2月　2005年5月

(c)

2004年7月　2004年11月　2005年2月　2005年5月

(a)	(b)	(c)
○ <20μmol	○ <3‰	○ <−0.5‰
◐ 20〜40	◐ 3〜5	◐ −0.5〜1.0
● 40〜60	● 5〜7	● 1.0〜2.5
● 60〜80	● 7〜9	● 2.5〜4.0
● 80<	● 9<	● 4.0<

図-4.3 琵琶湖流入河川の河口域における NO_3^- の濃度(a)，$\delta^{15}N$(b)および $\delta^{18}O$(c)
［Ohte *et al.*(2010)を一部改変］

4.1.4 混合モデルを用いた排出源や吸収率の定量的評価

河川のある地点で検出されたNO_3^-の起源として，農耕地(土壌)由来のNO_3^-と下水処理場由来のNO_3^-が考えられると仮定する．ここで，農耕地由来と下水処理場由来という起源の違いを「端成分」という用語で表現する．上述のように，土壌の硝化由来のNO_3^-は$\delta^{15}N$値が低い(0‰前後)のに対し，下水処理場由来のNO_3^-は$\delta^{15}N$値が高い(10〜20‰)．いま，対象とする河川水中のNO_3^-に対する2つの端成分の存在比をそれぞれ$f_{農耕地}$，$f_{下水}$とし，そして，2つの端成分のNO_3^-の窒素安定同位体比をそれぞれ$\delta_{農耕地}$，$\delta_{下水}$とすると，以下の物質収支式が成立する．

$f_{農耕地} + f_{下水} = 1$

$\delta_{試料} = \delta_{下水} \times f_{下水} + \delta_{農耕地} \times f_{農耕地}$

ここで，$\delta_{試料}$：河川水中のNO_3^-の窒素安定同位体比．

以上の式を解くと，

$f_{農耕地} = (\delta_{試料} - \delta_{下水}) / (\delta_{農耕地} - \delta_{下水})$

$f_{下水} = 1 - f_{農耕地}$

となる．この式からわかるように，$\delta_{試料}$を測定すれば，河川水中のNO_3^-における農耕地由来のNO_3^-と下水処理場由来のNO_3^-のそれぞれの割合が求められる．つまり，対象河川に対する，農耕地からの窒素負荷と，下水処理場からの窒素負荷の相対的寄与率が推定できる．このようなモデルを2端成分混合モデルと呼ぶ．

2端成分混合モデルを用いて，森林が大気由来のNO_3^-をど

の程度吸収するのかを査定した研究を紹介する．Durka *et al.* (1994)は，ドイツのババリア地方のトウヒ林において，森林から流出するNO_3^-の$\delta^{15}N$と$\delta^{18}O$を測定し，その起源を推定した．大気由来の端成分の$\delta^{18}O$を65‰，土壌の硝化由来の端成分の$\delta^{18}O$を3.3‰とし，混合モデルによる解析をした結果，健全な森林では，大気経由で供給されたNO_3^-の70〜84％が森林に吸収されることが明らかになった．これに対して，酸性雨によって荒廃した森林では，大気から供給されたNO_3^-の大部分が，森林に吸収されることなく，そのまま流出すると推定された．

4.1.5 バイオモニタリング

排水由来のNO_3^-に特徴的な「高い$\delta^{15}N$」ということは，NO_3^-を取り込む河畔植物や藻類，さらには，河川の動物群集にまで波及する．Kohzu *et al.*(2008)は，琵琶湖流入32河川の河畔において採取した草本5種と木本1種について，植物の葉の$\delta^{15}N$値と河川水中のNO_3^-の$\delta^{15}N$値の関係を調べた．その結果，両者の関係は，植物の種によって大きく異なることが明らかになった．これは，植物によって利用している窒素化合物が異なることや，根の発達する場所が異なるためと推察された．調査した6種のうち，ツルヨシの$\delta^{15}N$と河川水のNO_3^-の$\delta^{15}N$の間に最も強い正の相関があった．このことから，河畔に生息するツルヨシの$\delta^{15}N$は，排水由来の窒素による負荷の強度を表す指標として利用できることが明らかになった（バ

イオモニタリング法).

4.1.6 まとめ

本節で河川環境評価における安定同位体法の適用例として，河川への窒素負荷状況の定性的な診断や，混合モデルを用いた定量的な評価の事例を紹介した．これらの新しい手法が我が国の河川において適用された事例はまだ限られており，今後，検討すべき課題が多く残されている．例えば，定量的な評価をより高い精度で行うためには，端成分の安定同位体比を適切に決めることが重要な課題である．端成分の値によって各成分の寄与率の推定値が大きく異なるからである．「大気由来」，「排水由来」，「土壌由来」といったそれぞれの端成分に特徴的な同位体比は，環境や季節によって変動する．したがって，適切な端成分値を決めるためには，対象とする集水域における安定同位体比の空間分布や季節変動に関する情報の集積が不可欠である．また，安定同位体比の変動メカニズムをより詳細に解明する必要もある．今後，これらの検討を行い，安定同位体比の変動を記述するモデルの精緻化を進めることで，河川環境管理の現場における安定同位体法の，広範かつ効果的な適用が可能になるものと期待される．

4.2 窒素安定同位体比から見た利根川上流域の特徴

利根川本流では図-1.4 に示したように，上流から下流に向か

4.2 窒素安定同位体比から見た利根川上流域の特徴

って無機態窒素(I-N)の濃度が上昇している.また,群馬県南西部の利根川上流域では**図-1.1**に示すように,人為的汚染源がないと考えられる渓流においても高いI-N濃度が観測されている.窒素濃度は両者ほぼ同じレベルであることから,窒素の汚染源を調べるため,2008年9月,利根川本流の上流部の矢木沢ダムから中流部の利根大堰までの区間と,群馬県南西部で直接的な人為汚染がないと考えられる支流において採水を行い,NO_3^-濃度とNO_3^-の窒素原子の安定同位体比($\delta^{15}N$)を測定した.

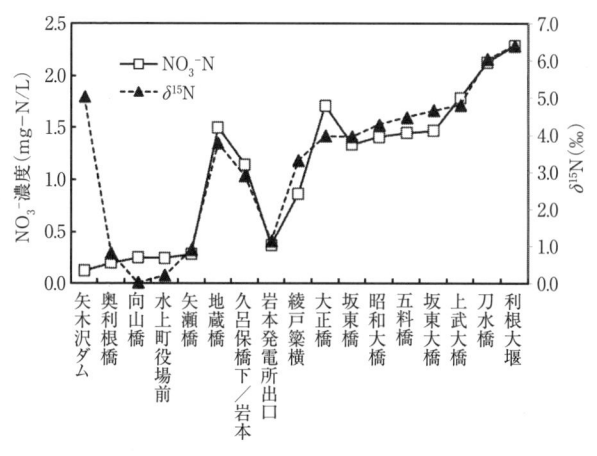

利根川本流における流下方向のNO_3^-濃度と$\delta^{15}N$を**図-4.4**に示す.下流に行くに従ってNO_3^-濃度は増加しており,$\delta^{15}N$もNO_3^-濃度と同じような挙動をしている.$\delta^{15}N$の増加は,増加するNO_3^-が生活排水等に由来する割合が大きいことを意

図-4.4 利根川本流におけるNO_3^-濃度と$\delta^{15}N$

味する．ただし，最上流の矢木沢ダムにおいて安定同位体比が高くなっているのは，人為的な汚染源がないことから降雨由来であると考えられる．

利根川本流と群馬県南西部の支流における NO_3^- 濃度と $\delta^{15}N$ の関係を**図-4.5**に示す．利根川本流では，NO_3^- 濃度が 0.5 mg/L 以下と低い場合は $\delta^{15}N$ は 0〜1‰であるが，NO_3^- 濃度の増加とともに $\delta^{15}N$ が増加している．これに対して群馬県南西部の支流では，NO_3^- 濃度が増加しても $\delta^{15}N$ は 0〜1‰とほぼ同じ値である．このことは，両者の NO_3^- の生成メカニズムが異なっていることを示唆しており，群馬県南西部の支流における高い NO_3^- 濃度は，生活排水や家畜排水等の流入によるものではないことを示している．

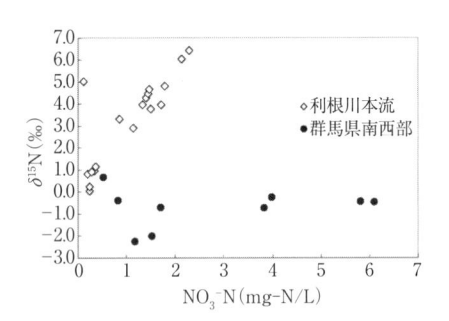

図-4.5 利根川本流ならびに群馬県南西部の支流における NO_3^- 濃度と $\delta^{15}N$ の関係

4.3 環境汚染のタイムカプセル樹木入皮による窒素汚染史解明の可能性

4.3.1 環境汚染タイムカプセルの必要性

自然界には大気や水の汚染を記録している「環境汚染のタイムカプセル」と考えられる様々な試料がある．その中に，近年著しく増加している環境汚染物質が過去から現在まで時系列で保存されており，人類による環境汚染の歴史を解明するうえで重要な研究試料となっている．

大気由来の窒素化合物に関しては、氷床試料や雪氷試料がある．これらの試料を用いて窒素による汚染の解明が試みられている．しかし，その解明作業は，試料採取，堆積年代測定，分析等の様々な技術的課題を伴う．また，これらの試料は，分布地域が日中も氷の溶けることのない高山地域や極域に限られるため，産業活動の活発な地域における窒素による汚染を解明するための試料には適していない．そのため，より新しい窒素による汚染のタイムカプセルが期待されている．

環境汚染タイムカプセルは，堆積物試料と生物試料に大別することができる．堆積物試料には，①湖底堆積物，②内湾堆積物・海底堆積物，③湿原堆積物，④南極や北極やグリーンランド等の氷床，⑤アルプスやロッキー山脈等の氷河試料，⑥石灰洞内の炭酸塩堆積物，等がある．生物試料には，(1)博物館等に保存されている動植物標本(鳥類の羽試料，獣類の毛試料，コケ植物標本等)，(2)植物試料(蘚苔類試料等)，(3)樹木年輪，

(4)貝，(5)骨や歯，(6)珊瑚(礁)，そして最近登場した(7)入皮(いりかわ)(bark pocket)，等の試料が知られている．

　これらの環境試料が環境汚染のタイムカプセルとしての役割を果たすための条件を要約すると，以下の3点となる(佐竹，2002)．

① 汚染物質が試料中によく保存されており，希釈されたり，拡散していたり，移動していたり，あるいは分解や消失をしていないこと．

② 汚染物質を内蔵する試料の年代を明らかにすることができること．

③ 汚染物質を内蔵する試料が後から汚染されていないこと．

　しかし，様々な環境汚染のタイムカプセルにはそれぞれ一長一短があり，これらの3条件を完全に満たす試料を得ることは容易ではない．

　窒素による汚染の解明の試みは，特に条件①の汚染物質の希釈・拡散・移動・分解・消失のためきわめて困難なことが多い．それは窒素が生物生存の必須元素であるため，タイムカプセル中の窒素化合物の量と存在状態が生物活動の影響を大きく受けるからである．例えば，湖底堆積物や内湾堆積物や湿原堆積物の場合，無酸素になった堆積物の中で式(1)に示す脱窒によって硝酸イオンは窒素ガスとして失われ，窒素による汚染の解明は不可能になる．

$$4NO_3^- + 4H^+ + 5CH_2O \rightarrow 2N_2 + 5CO_2 + 7H_2O \qquad (1)$$

また，生物試料の場合には，窒素化合物が生体内へ取り込ま

れ，生体内の窒素化合物は，量も形態も環境中とは大きく異なり，生物試料のタイムカプセルとしての利用は困難である．

次に②の汚染物質を内蔵する試料の詳しい年代の測定には困難を伴うことが多い．これは，各環境汚染のタイムカプセルにほぼ共通する問題点である．例えば，最もよく利用されている堆積物試料の場合，層序の上下関係から新旧の序を明らかにすることは比較的容易にできるが，各層の具体的な年代を明らかにするのはやさしくない．

窒素による汚染に対応すると考えられる過去100年を対象とする年代測定法には，放射性物質の壊変に注目した^{210}Pb法，^{137}Cs法等がある．^{210}Pb法は^{238}Uを親核種とし，幾つかの段階を経て生じた半減期22.3年で減衰していく^{210}Pbの量を測定する．この方法による年代測定の限界は過去100年であり，しかも年オーダーの測定は困難である．しばしば^{210}Pb法と共に用いられる^{137}Cs法は，大気から降下する^{137}Csが大気圏での核実験由来であり，それが1954年に始まり1963年にピークに達したことを利用している．したがって^{137}Csに注目した堆積年代の測定では約60年前を境とするその前後での汚染の比較を行うことが多い．2011年3月11日の東日本大震災に伴う東京電力福島第一原子力発電所の事故では，大量の^{137}Csが^{235}Uの核分裂生成物として排出され，非常に大きな問題となっているが，事故後の移流拡散により各地にもたらされた^{137}Csは，核実験の場合と同様に，大地や湖底堆積物に明らかな印をつけるものであり，後に，年代測定に利用されることが予想される．

火山灰等の指標堆積物も時系列変化する堆積層の時の一点を示すものであり，これから連続した時間の記録を得ることは難しい．

③の汚染物質を内蔵するタイムカプセルの汚染は，博物館保存試料等で生じやすい．保存料の使用，保存場所での室内汚染，あるいは標本が多くの人々の手に触れることによる汚染等があるからである．特に窒素化合物はその影響を受けやすい．

4.3.2 氷河・氷床試料を用いた窒素による汚染の解明の試み

氷河・氷床試料は，地球環境の汚染の流れを解明する手がかりを与える環境汚染のタイムカプセルとして注目され，多くの国際共同研究が行われ，数多くの研究成果が発表されている．

氷河・氷床試料を用いる場合の問題点としては，①しばしばブリザード等によって表層に堆積した雪が元の場所から移動し，拡散し，他の場所に集積すること，②表層の雪が夏季に融解すること等，地域の気象条件を反映して汚染物質が移動拡散すること，が挙げられる．例えば，ヨーロッパアルプス等の氷河試料で特に注意しなければならない点としては，氷雪の融解と再凍結に伴う物質移動が指摘されている(Novo and Rossi, 1998)．アルプスの場合，標高 4,000 m 以下の場所に分布する氷河の表面は，夏に一部融解する．この融解に伴う窒素化合物(NO_3^- や NH_4^+)の移動は，窒素附加の時系列変化解明を困難にする．このため，経年変化や季節変化を解明するためには，標高 4,000 m 以上の地点で氷河コア試料を採取する必要がある．これら

地点はアルプスでもきわめて限られ，Maupetit *et al.*(1995)は，モンブラン山(4,807 m)下の4,250 mの地点で13 m長の氷河コア試料のサンプリングを，またモンテロー山(4,618 m)下の標高4,450 mの地点の氷河コア試料をサンプリングし研究を行った．しかし，採取した13 mのコアにはわずか3.5年の降下物の蓄積しかなかったのである．

南極や北極の氷床コア試料が長期的でグローバルな地球環境の汚染の歴史を反映しているのに対し，アルプス山脈，ロッキー山脈，ヒマラヤ山脈の氷河から得られるコア試料は、ヨーロッパや北アメリカ等のより地域的な汚染の歴史を反映している点が注目される．しかしサンプリングに要する多大な労力にも関わらず，記録のタイムスケールは数年程度のことが多く，数十年を超える長期変化の解明は困難である．

4.3.3 環境汚染のタイムカプセル「入皮」の発見

環境汚染のタイムカプセルとしての重要な3条件をすべて満たす環境試料を得ることは容易ではなく，特に窒素附加を反映したタイムカプセルを得るのは困難で，条件を満たすタイムカプセルを発見することは一つの大きな課題である．

その中で，樹木の中に内蔵されている「入皮」が環境汚染の流れを解明する可能性を秘めていることが最近注目され，筆者も期待している．「入皮」はまさに「環境汚染のタイムカプセル」であり，過去数百年の，例えばイギリスで始まった産業革命当時から現在に至る世界各地の環境の汚染の流れを解明するのにき

わめて有効な研究試料であることが明らかとなっている(Satake,1996a, 2001；佐竹,1999, 2008).

a. 入皮の環境汚染のタイムカプセルとしての重要性　入皮とは，樹木の内部に年輪に挟まれて存在する樹皮のことである．樹木は，樹木の成長している地域の風(大気)に常に触れているので，大気に含まれている汚染物質は樹木樹皮の表面に蓄積する．つまり，同じ樹種の樹木の外樹皮を比較すると，大気汚染の進んでいる地域とバックグラウンド地域では沈着した汚染物質の種類や量が異なる．外樹皮の汚染を指標とする「現在の大気汚染」に関する環境モニタリングは，これまで世界各国で行われてきた．そこで，もともと外樹皮であった入皮に注目し，入皮となった外樹皮には過去の大気中の汚染物質が沈着しており，入皮の蓄積した汚染物質を調べることで，過去の大気汚染を明らかにできる．大切な点は，入皮は，年輪によって外界から遮断されているので，蓄積した汚染物質は移動せず，後から汚染されるということもなく，入皮が年輪という時計に挟まれていることである．入皮を挟んでいる年輪の数は，入皮が大気と接していた年数を示し，また，最外部から入皮までの年数は，入皮が形成された年を明確に示している．環境汚染タイムカプセルにとって年代の確定はきわめて重要であり，年輪の時計付の入皮は，環境汚染タイムカプセルとして備えるべき基本的3条件を満たしていると考えることができる．

b. 入皮とその形成機構　樹木の内側に年輪に挟まれて存在している入皮は，一見不思議な存在であるが，それには必然性があり，入皮の形成機構は主として以下の4つの機構によっている(Satake, 2001).

① 樹木の受けた傷の修復課程で生じるもの：何らかの理由で樹木の樹幹の一部が損傷を受けると，この傷は樹木の生長に伴い傷の周囲で形成される樹皮と木質部によって次第に覆われてくる．最初に受けた傷の大きさにもよるが，傷は数年から数十年かけて修復され，傷口は完全に塞がれた状態になる．樹木はその後も生長を続け，やがて傷口の周囲にあった形成層は合体し，形成層の合体後は傷の周囲で別々に形成されてきた年輪(木質部)は合体して1つの連続した年輪として年々その数を増していく．そして，樹木の傷を塞いだ樹皮は，樹木内部の年輪に挟まれて内蔵され，入皮となる．

② 幹と幹，あるいは枝と枝の合体に伴う形成：元の部分が同じ幹と幹，あるいは枝と枝が年々生長すると，元に近い部分から次第に合体し，そこに連続した入皮が年々形成されていく．

③ 枯れ枝部分あるいは枝打ちされた部分が樹木の生長に伴い包含される過程での形成：この形成場所は，一般に節として知られ，その周囲にある樹皮が入皮である．**図-4.6**に，枝打ち部分が樹木の生長に伴って次第に包み込まれ，入皮が形成されていく過程を示した．この状態を樹木の外側から見ると，猫の目のように見えるので，筆者らは猫の目(cat' eye)

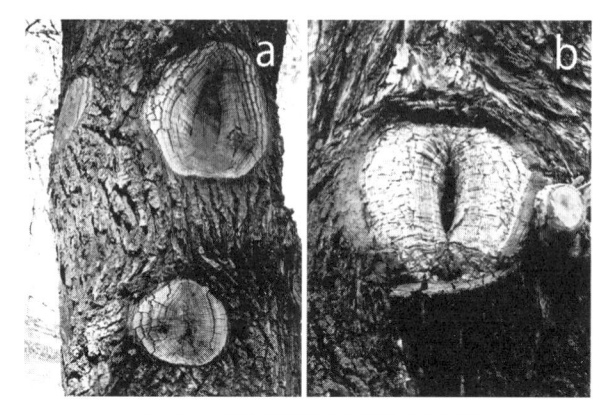

図-4.6 入皮形成過程にある樹皮(未成入皮)

と呼び、この部分の樹皮を未成入皮(bark pocket-to be, bark pocket precursor)と呼んでいる(佐竹,1999；佐竹,印刷中).

④ 樹幹の凸凹部の生長に伴う形成：巨樹巨木に比較的多く見られる．樹木の若い時には樹幹の年輪は，その横断面がほぼ円形をしているのに対し，樹齢を経てくると横断面が凸凹に富むものになる．この樹幹の凸凹部分の生長に伴って，樹皮は，凹部と凸部の間に挟まれるように連続的に形成され，入皮となっていく．

4.3.4 「入皮法」による環境汚染解明の可能性

入皮を用いる環境汚染の解明手法(入皮法)では，樹木の最外部に存在する外樹皮に蓄積している汚染物質の濃度レベルを現代の汚染レベルとし，過去の汚染レベルを示すものとして入皮中の汚染物質のレベルを用いる．図-4.7に，樹木の傷の修復過

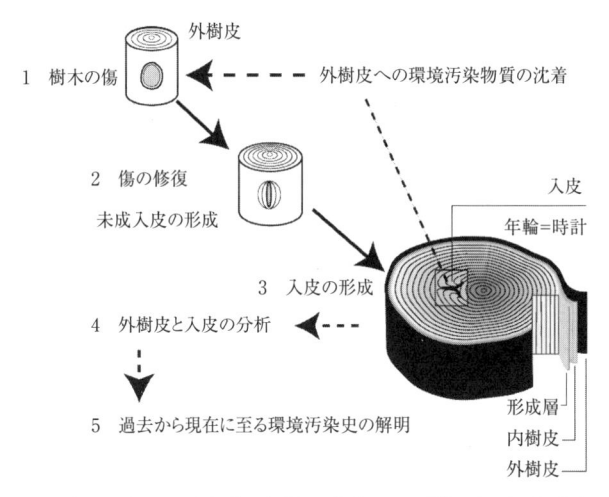

4.3 環境汚染のタイムカプセル樹木入皮による窒素汚染史解明の可能性　*103*

図-4.7 樹木樹皮への汚染物質の沈着と入皮法による環境汚染の解明の仕組み

程で生じた入皮と，入皮を利用した解明の仕組みの模式図を示す．

過去から現在に至る窒素の汚染の歴史を入皮法で解明できるかどうか，その可能性を検討してみる．

樹木の樹皮は，内樹皮と外樹皮に分けられる（**図-4.7**）．内樹皮は，葉によって合成された炭水化物の貯留と各組織への配分を主な役割とする生きた組織である．外樹皮は，内樹皮の役割を終了した，いわば死んだ組織で，鎧のように樹木を包み，その内部の内樹皮および形成層を物理的，化学的，生物的障害から保護する役割を持っている．もはや外樹皮内では窒素代謝は行われていない．しかし，たとえ外樹皮が死細胞で構成され，活性がないとしても，外樹皮そのものが初めから窒素を含んで

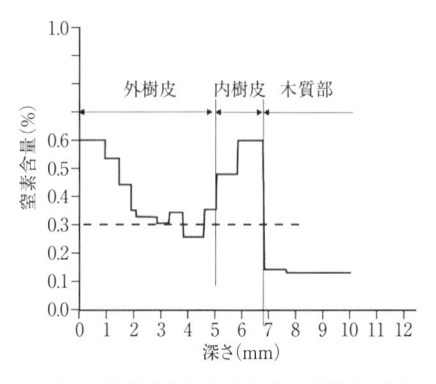

図-4.8 スギ(熊谷市立正大学構内)の外樹皮,内樹皮,木質部の窒素含量

いることが考えられる(問題点1).また,外樹皮表面には地衣類やコケ植物や藻類が着生あるいは付着し増殖し,これと外樹皮とを明確に区別することが難しいことが多い(問題点2).

まず,問題点1について考察してみる.

図-4.8にスギの外樹皮,内樹皮,形成層,木質部のそれぞれに含まれる窒素含量を示す.この図から明らかなように,窒素含量は大気にさらされる外樹皮表面で最も高く,外樹皮の表面から内部に入るにつれて指数関数的に減少し,外樹皮内でほぼ一定値を示し,次に生組織である内樹皮内で急に増加し,木質部内で減少するという傾向を示している.外樹皮は,毎年内樹皮が変化して形成されるもので,外樹皮内の窒素含量は内樹皮形成時の値に規定されてしまうと考えられ,外樹皮最外層での窒素含量の増加は,外部から沈着した窒素化合物によっていると考えられる.

このような傾向は,窒素と同じ生元素であるリンやマグネシウムについても見られ,外樹皮表面が外来性(大気由来)の沈着物が蓄積する場所と考えられる.そして,根から吸収され生体

構成元素となったものと，大気から単に沈着した元素との間に，それが同一元素であったとしても分布に明瞭な違いが見られる．

図-4.9に，植物(スギ)に栄養として吸収された土壌由来の窒素化合物と大気由来の窒素化合物の分布，および大気由来のアンチモンの分布(後述)を模式的に示す．

先述したように入皮は，本来，外樹皮および内樹皮であったものが樹木内に取り込まれ，年輪に挟まれて存在している．したがって，入皮の外樹皮最外層から内樹皮にかけてその窒素含量を求め，内因性の窒素含量を差し引けば，過去のある時点での大気からの窒素の沈着量が求まり，これをさらに時系列に沿って求めれば，過去から現在に至る窒素による汚染の時系列変化が求まるはずである．

次に問題点2について考察してみる．日本に広く分布しているスギやヒノキは，きわめて着生生物が少ないことが知られて

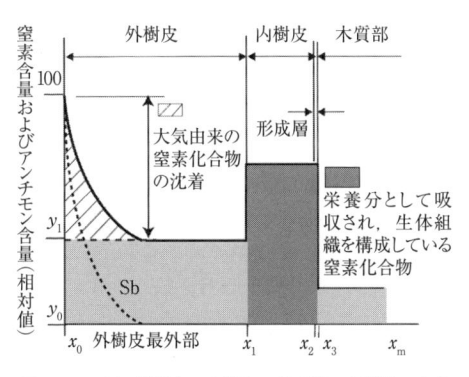

図-4.9 スギの外樹皮，内樹皮，形成層，木質部に含まれる窒素含量およびアンチモン(Sb)含量の模式図

いる．その理由は，樹皮がきわめて強酸性で，pH 約 3 を示し，ほとんどの生物活動がその強酸性のため阻害されている(Satake, 1996b).すなわち，スギの外樹皮は，その強酸性によって着生植物が少なく，窒素による汚染を解明する試料として役立つ可能性が高い．その他，着生植物が少ない樹木としてはイチョウが挙げられる．イチョウは，抗菌作用の強いフラボン系の化合物を含み、環境汚染の歴史を解明する試料として役立つ可能性が高い．

4.3.5 入皮に含まれるアンチモン(Sb)を窒素負荷の指標元素として用いる可能性

この他，入皮法を用いて窒素による汚染の歴史を解明する場合に重要と考えられる研究成果がある．それは，最近明らかになった窒素による汚染とアンチモンの関係である。プラスチック製品や合成繊維等の難燃助剤，自動車ブレーキパッドの固体潤滑剤として酸化アンチモン(Sb_2O_3)が使用されており，大気中のアンチモンは，廃棄物焼却飛灰と自動車のブレーキダストが主な発生源であることが明らかとなった(飯島, 2010)．そして，関東地域内の林内雨，林外雨に含まれる硝酸イオンの濃度とアンチモンの濃度の間にきわめて高い相関性があることが明らかとなった(Takamatsu *et al.*, 2010)．図-4.10 は立正大学構内のスギの林内雨に含まれる硝酸の量とアンチモンの関係を示したもので，両者の間には高い相関性のあることがわかる．

したがって，入皮を用いて窒素による汚染の歴史を解明する

場合,外樹皮最外部から内部に向けての窒素の分布を求めるだけでなく,アンチモンの分布も併せて求め,アンチモンと窒素の間の相関性に注目して入皮内の時系列変化を求めれば,少なくとも大気由来(自動車起源)の窒素負荷の時系列変化が求まるはずであり,この点を考慮した今後の研究が期待される.

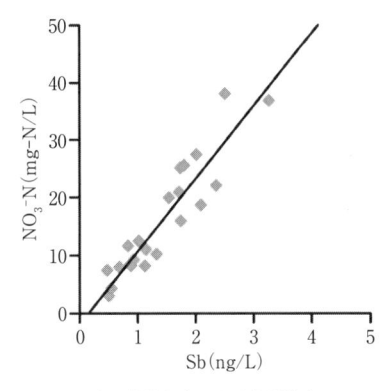

図-4.10 埼玉県熊谷市の立正大学構内のスギの林内雨に含まれる硝酸態窒素とアンチモンの関係

4.3.6 ま と め

窒素による汚染の歴史の解明は,生物活動に伴う窒素化合物の変化の壁に阻まれ,雪氷の融解と再凍結に伴う窒素化合物の移動の壁に阻まれ,窒素化合物の負荷の歴史を反映するタイムカプセルを得るのが難しい.本節では,入皮法にその可能性があることを示し,さらに大気由来の硝酸態窒素と自動車起源を主とするアンチモンとの間の高い相関関係は,入皮法による窒素による汚染の歴史を解明するのを支える大きな可能性があることを併せて述べた.

参考文献

4.1

- 永田俊：8章, 流域環境評価と安定同位体指標［流域環境評価と安定同位体, 永田俊・宮島利宏（共編）］, pp395-412, 京都大学学術出版会, 2008.
- 大手信人：3章1節, 大気降下物としての窒素が水源域に与える負荷［流域環境評価と安定同位体, 永田俊・宮島利宏（共編）］, pp59-69, 京都大学学術出版会, 2008.
- Kendall, C., E. M. Elliott, and S. D. Wankel：Tracing anthropogenic inputs of nitrogen to ecosystems. In：*Stable Isotopes* in *Ecology and Environmental Science* (Editors, Michener, R. and Lajtha, K), pp. 375-449, Blackwell Publishing Ltd., 2007.
- Kohzu, A., T. Miyajima, I. Tayasu, C. Yoshimizu, F. Hyodo, K. Matsui, T. Nakano, E. Wada, N. Fujita. and T. Nagata：Use of stable nitrogen isotope signatures of riparian macrophytes as an indicator of anthropogenic N inputs to river ecosystems, *Environmental Science and Technology*, 42:7837-7841, 2008.
- Ohte, N., I. Tayasu, A. Kohzu, C. Yoshimizu, K. Osaka, A. Makabe, K. Koba, N. Yoshida, and T. Nagata：Spatial distribution of nitrate sources of rivers in the Lake Biwa watershed, Japan：Controlling factors revealed by nitrogen and oxygen isotope values, Water Resources Research doi:10, 1029/2009WR00787, 2010.
- Durka, W., E-D. Shulze, G. Gebauer, and S. Voerkellus：Effects of forest decline on uptake and leaching of deposited nitrate determined from ^{15}N and ^{18}O measurements, Nature, 372, 265-267, 1994.

4.3

- 飯島明宏：大気粉塵中アンチモンの発生源の解明および大気への影響評価（博士論文要録）, BUNSEKI KAGAKU, 59, 151-152, 2010.
- Maupetit, F., D. Wagenbach, P. Weddling and R. J. Delmas：Seasonal fluxes of major ions to a high allutitude cold alpine glacier, *Atmospheric Environment*, 29(1), 1-9, 1995.
- Novo, A and G. C. Rossi：A four-year record (1990-1994) of snow chemistry attwo glacier fields in the Italian Alps (Careser, 3090m; Colle Vincent, 4086m), *Atmospheric Environment*, 32(23), 4061-4073, 1998.
- Satake, K., A. Tanaka and K. Kimura：Accumulation of lead in tree trunk bark pockets as pollution time capsules, *The Science of the Total Environment*, 181, 25-30, 1996a.
- Satake, K., K. Nakaya and T. Takamatsu：pH distribution in radial sections of the stem and root of *Cryptomeria japonica*, *Canadian Journal of Forest Research*, 26, 503-507, 1996b.

・佐竹研一：大気汚染の歴史を樹木の「入皮」が記録, サイアス, (12), 186-187, 1999.
・Satake, K.：New eyes for looking back to the past and thinking of the future, *Water, Air, and Soil Pollution*, 130, 31-42, 2001.
・佐竹研一：西暦 2000 年酸性雨国際学会基調講演抜粋紹介(歴史を振り返り未来を考えるための新しい眼), クリーンエネルギー, 1(11), 54-63, 2002.
・佐竹研一, 木村悟志：環境汚染のタイムカプセルによる水銀汚染史の解明, 地球環境, 13, 2, 253-264, 2008.
・佐竹研一：入皮, 岩波生物学事典, 岩波書店, 印刷中.
・Takamatsu, T., M. Watanabe, M. Koshikawa, T. Murata, S. Yamamura and S. Hayashi：Pollution of montane soil with Cu, Zn, As, Sb, Pb and nitrate in Kanto, Japan, *Science of the Total Environment*, 408(8), 1932-1942, 2010.

第5章
流域の窒素管理に向けて

5.1 富栄養酸性化物質である窒素による水環境への影響

　窒素化合物が過剰に存在することによる水環境への影響については，基本的には栄養塩濃度の増加（広義の富栄養化）と酸性化によるものであり，水域生態系や人による水利用に障害をもたらす場合がある．

5.1.1　富栄養化による水域生態系への影響

　水環境における一次生産を担う生物は，主に藻類と水草であり，日射，水温，栄養塩等の条件が揃えば生育し，増殖する．主体となる生物の種類は，水環境の特徴，特に水域での水の滞留状況に左右され，河川のように速やかに流下する場合は河床に付着して生育する藻類，湖沼のように長時間滞留する場合は浮遊性の植物プランクトンが主体となる．水草は河川，湖沼のいずれにおいても沿岸域が主な生育場所である．

日射や水温，その他の条件が十分に確保されれば，窒素やリンの栄養塩の濃度が高くなることで，藻類や水草の生育が盛んになる．藻類や水草の生育が盛んになると，これらを摂取する動物プランクトンや魚類等も増加や種類の変化が見られるなど，生態系に少なからぬ影響が現れる．こうした栄養塩の増加に伴う現象は，広い意味で富栄養化と呼ぶことができるが，言葉の使われ方としては，富栄養化は，湖沼や閉鎖性の海域等に限定されて用いられることが多い．

　湖沼を例として富栄養化による影響をまとめると，水質面では植物プランクトンの増加に伴う濁度の上昇（透明度の低下につながる）やCOD（化学的酸素要求量）の上昇として現れる．植物プランクトンの増加は，漁業が行われている湖沼では漁獲量の増加をもたらす．例えば，諏訪湖では，毎年ひどいアオコが発生していた1970年代にワカサギの漁獲量のピークを迎えており（花里, 2006），霞ヶ浦でも，漁獲量のピークを迎える昭和53年は，CODが10 mg/Lを超えたピークの時期と重なる（茨城県, 2001）．富栄養化が過度に進行すると，特定の植物プランクトンが大発生する赤潮やアオコの出現する場合がある．

　湖沼では，枯死して沈降した植物プランクトン等の分解により底層付近で溶存酸素が消費される．風による撹拌が低層まで及びにくい深い湖沼では，夏季に水温の違いによる成層化が起こり，底層の貧酸素化が進行する．また，海水と淡水が混じる汽水湖では，塩分濃度の違いによる成層化が常態化すると，年間を通して貧酸素の層が維持される．底層の貧酸素層が形成さ

れると，湖沼に生息する生物に様々な影響が現れ，魚の生息には不適となるが，逆にある種のミジンコには魚の捕食を逃れる場が確保されるという湖沼もある(花里, 2006). 塩分成層が年間を通して維持されている網走湖では，強風時に成層の境界面が風上側で上昇する現象(内部セイシュ)により貧酸素の高塩分層の水が水面近くまで移動し，魚介類を死滅させることがある(Ida *et al.*, 2007).

湖沼の沿岸域には，かつては水草が多く生育していたといわれている. 印旛沼では，1964年には22種類の沈水植物が確認されていたが，2005年には沼の中では消失している. 減少の原因としては，富栄養化とともに，湖岸の埋立て，貯水池化に伴う水深の増加等が挙げられている(久保田他, 2009). 水草にとって栄養塩の増加は，成長に必要な物質の増加というプラスの面と，植物プランクトンの増加による透明度の低下等のマイナスの面の双方をもたらす要因といえる.

河川では，栄養塩増加の影響は付着藻類に現れる. USEPA(米国環境保護庁)の資料によると，全窒素(T-N)濃度が1 mg/L以下ではT-Nの上昇により付着藻類量が増加し，1 mg/L以上ではほぼ一定という結果が示されている(USEPA, 2000). 群馬県西部の窒素濃度の高い渓流と北部の窒素濃度の低い渓流では，出現する珪藻の優占種が異なると報告されている(神田他, 2007).

5.1.2 富栄養化による水利用への障害と富栄養化防止に向けた取組み

　湖沼や貯水池で富栄養化が過度に進行すると，特定の植物プランクトンが大発生する淡水赤潮，アオコの形成や異臭味を生成する微生物(藍藻類，放線菌等)の増殖が見られる場合がある．このような現象は，漁業への影響とともに，景観を著しく損なうことから，水泳大会等のイベントの中止，観光客からの苦情等による観光価値の低下につながる可能性がある．また，水道水源となっている湖沼等では，浄水過程でのろ過障害や異臭味障害等をもたらし，重大な問題となるおそれがある．浄水への影響について詳述すると，植物プランクトン濃度の上昇は凝集・ろ過における薬品量の増加および汚泥量の増加，異臭味の生成は活性炭処理およびオゾン処理の必要性の増加をもたらすとともに，藻類の代謝物がトリハロメタンの前駆物質になること(USEPA, 2000)からトリハロメタン対策(活性炭処理，オゾン処理等)の必要性が増加し，浄水費用の高騰を招く結果となる．

　富栄養化による障害は，日本では湖沼等の閉鎖性水域で顕著に現れていることから，富栄養化の防止を目的として環境基準が定められることとなり，湖沼においては1982年，海域においては1993年に，それぞれ水域の類型に応じた窒素とリンの値が設けられている．湖沼の基準値を**表-5.1**に示す．

　湖沼における富栄養化の防止を推進するため，湖沼水質保全特別措置法が1984年に制定され，その指定を受けた湖沼では

表-5.1 全窒素と全リンに関する環境基準値(湖沼)

類型	利用目的の適応性	T-N(mg/L)	T-P(mg/L)
I	自然環境保全,II以下	0.1以下	0.005以下
II	水道1,2,3級(特殊なものを除く),水産1種,水浴,III以下	0.2以下	0.01以下
III	水道3級(特殊なもの),IV以下	0.4以下	0.03以下
IV	水産2種,V	0.6以下	0.05以下
V	水産3種,工業用水,農業用水,環境保全	1以下	0.1以下

関係する都道府県が湖沼水質保全計画を策定して取組みを進めている.湖沼水質保全計画が最も早く策定されたのは,1985年の霞ヶ浦,印旛沼,手賀沼,琵琶湖,児島湖で,その後,諏訪湖(1986年),釜房ダム貯水池(1987年),中海(1989年),宍道湖(1989年),野尻湖(1994年),八郎湖(2007年)と続き,現在は以上の11湖沼で策定されている.

5.1.3 酸性化による影響

水環境の酸性化は,火山や微生物の作用による酸性水の生成,酸性雨,アンモニア態窒素(NH_4-N)の土壌中での硝化等,様々な要因によりもたらされている.窒素化合物は,酸性雨や土壌中での硝化を通しての酸性化と関連しているので,窒素化合物の大気降下量の増加は,水環境の酸性化を促進する要因となる.

環境省が実施した2003〜2007年度のモニタリング結果の報告(環境省,2009)をもとに,窒素化合物を含めた酸性化関連物質の大気からの降下(酸性沈着)の状況とその生態系への影響につ

いて以下に示す.

降水のpHは，地点ごとに2003〜2007年度の5年間の平均で表すと4.51(伊自良湖)〜4.95(小笠原)である．10年以上調査を実施している地点における降水のpHは，全体として横ばいである．また，1日ごとに捕集した降水試料のpHは3.35〜8.18であり，pH4.0未満の降水は試料全体の4.5%を占めている．

pH4.0未満の降水が観測された時にその地点にあった気塊がどこを通ってきたかを解析した結果，その経路として，大陸経由と火山(三宅島，桜島)経由が挙げられている．このことから，pH4.0未満の降水は，アジア大陸からの越境輸送と火山からの放出に起因する二酸化硫黄(SO_2)の寄与によるものと推定されている．

硝酸イオン(NO_3^-)の湿性降下量は，本州中北部日本海側と山陰においては，晩秋から春季に多くなる傾向が見られ，大陸に由来する汚染物質の流入が示唆されている．一方，太平洋側と瀬戸内海沿岸では，降水量の多い7月に最大，冬季に最少となっている．日本に降下したNO_3^-の発生源について地域別の寄与率を推計した4つの成果によれば，1990年から2001年の値として，中国と朝鮮半島が占める割合は合わせて24〜52%となっており，アジア大陸の寄与率が高いことがわかる．

生態系への影響の中で，植生については，2007年度には25の調査地点中17地点で何らかの樹木衰退の徴候が見られたが，酸性沈着や土壌酸性化が主要因と断定される衰退木は確認されていない．また，一部の地域(伊自良湖流域，岐阜県)では土壌

や流入河川水 pH の長期的な酸性化が見られるものの，土壌の調査では，ほとんどの地点で明確な酸性化傾向は見られず，湖沼の水質についても，酸性沈着の明確な影響は確認されていない．

以上のように，降水については酸性化しているものの，ここ10年はほぼ横ばいで推移しており，樹木や土壌，湖沼についても酸性化の顕著な影響は確認されていない，というのが日本の現状といえる．今後は，アジア大陸における酸性化関連物質の排出量および日本への輸送量の動向とその影響に注視する必要がある．

5.1.4 硝酸態窒素による水利用への影響

富栄養化および酸性化とは異なる理由で窒素化合物が水利用に影響を及ぼす重要な事例として，水道水源における硝酸態窒素(NO_3-N)濃度の上昇が挙げられる．水道水の水質基準には窒素に関する項目として NO_3-N と亜硝酸態窒素(NO_2-N)がある．この項目は，乳幼児のメトヘモグロビン血症の防止の観点から設けられており，基準値は，疫学調査の結果をもとに「NO_3-N と NO_2-N の和が 10 mg/L 以下」と規定されている(厚生労働省，2003)．また，NO_2-N は，NO_3-N より同症に対して潜在的効力が大きいとされていることから，NO_2-N を水質基準に準ずる水質管理目標設定項目として 0.05 mg/L(暫定値)が定められている(厚生労働省，2003)．

全国の浄水場・水源等において，原水の NO_3-N と NO_2-N の

和が基準を超過しているのは，2007年度には21あり，全体(6,076)の0.3%に相当する(日本水道協会，2008)．基準超過の21事例は，1例を除いてすべて地下水，もしくは地下水とその他の水源との併用となっている．水道水源となっていた井戸や河川で高濃度のNO_3-Nが検出されたために取水停止となった例は，井戸では少なからず存在し，河川では忍川(千葉県銚子市，1991年から)の事例がある(横田他，2009)．浄水過程においてNO_3-Nを除去する技術には，イオン交換，生物処理，電気透析等の方法がある．日本の上水道(簡易水道を含む)には，1995年度に長崎県南串山町(現雲仙市)で電気透析が導入されており，以後，イオン交換や生物処理，膜処理(低圧RO膜，NF膜)が採用されている．

公共用水域や地下水に対しても，水道水の基準と同様にNO_3-NとNO_2-Nの基準が設けられており，いずれも「人の健康の保護に関する環境基準」として水道水の基準と同様に「NO_3-NとNO_2-Nの和が10 mg/L以下」と規定されている．環境省が毎年度実施している公共用水域水質測定結果と地下水質測定結果をもとにまとめた2006〜2008年度の結果を**表-5.2**に

表-5.2 公共用水域と地下水のNO_3-N＋NO_2-Nの基準超過状況

年度	公共用水域			地下水(概況調査)		
	調査地点数	超過地点数	超過率(%)	調査地点数	超過地点数	超過率(%)
2006	4,176	4	0.1	4,193	179	4.3
2007	4,370	7	0.2	4,232	172	4.1
2008	4,331	4	0.1	3,830	167	4.4

示す(環境省水・大気環境局, 2007a, 2007b, 2008a, 2008b, 2009a, 2009b).

地下水質測定結果(2008年度)の概況調査によると3,830本のうち167本においてNO_3-NとNO_2-Nの和が基準を超過している.公共用水域では2008年度に基準を超過した4地点はすべて河川で,群馬県2,千葉県2であり,超過の原因はいずれも農業肥料と家畜排泄物とされている.

5.1.5 富栄養酸性化物質という視点

以上のように,窒素化合物は,酸性化と富栄養化という一見すると全く別と思われる現象と深い関わりを持っている.佐竹の考案した用語である「富栄養酸性雨」(日本科学者会議, 2008)は,2つの現象に関わる雨(湿性降下物,広義には乾性降下物も含む)を的確に表現している.富栄養酸性雨の主要成分であり,富栄養化と酸性化の双方の原因となる窒素化合物に対しては,富栄養酸性化物質という呼び方が適当と考えられる.

こうした視点は既にEUで採用されており,1999年に酸性化,富栄養化,地上オゾンの抑制を目的としてEUの各国が国ごとに窒素酸化物(NO_x),アンモニア(NH_3),SO_2,揮発性有機化合物(VOC)の大気への排出量の削減目標を設定することに合意している.この合意内容は,会議の開かれたスウェーデンの都市(ヨーテボリ)名からGothenburg(注:ヨーテボリの英語表記)議定書と呼ばれている.NO_xは3つの現象すべてに関わりを持ち,NH_3は富栄養化と酸性化に関わりがある.

大気へ排出された窒素化合物については，やがて（一部は）地上に戻り，水環境の酸性化と富栄養化に影響を及ぼすこととなる，という認識のもとに，モニタリングを含めた対策を構築していく必要がある．

5.2 流域の窒素収支の把握

窒素による水環境への影響を把握し，適切な対策を講じるためには，流域の窒素収支を把握しておくことが肝要である．大気降下物を含めて流域には，様々な活動（経路）で窒素が持ち込まれており，同様に様々な活動（経路）で取り出され，一部は残留する．

5.2.1 窒素の収支に関わる活動

日本の河川の流域を想定すると，窒素の出入りに関わる主な活動は，農作物の生産，家畜の飼育，人の生活，物流，工業生産，森林の伐採等が挙げられ，これに自然界の生物の活動（窒素固定や脱窒等）や大気からの降下が加わる．こうした活動の結果，残った窒素は河川や地下水へ流出するほか，大地に残留する．

大気との遣り取りでは，大気降下物中の窒素につながる窒素化合物を排出する発電所やゴミ焼却場等の燃焼施設，自動車・船舶等の輸送施設，家畜排泄物，化学肥料の揮散等の活動が挙げられる．大気へ排出された窒素化合物は流域内にとどまるも

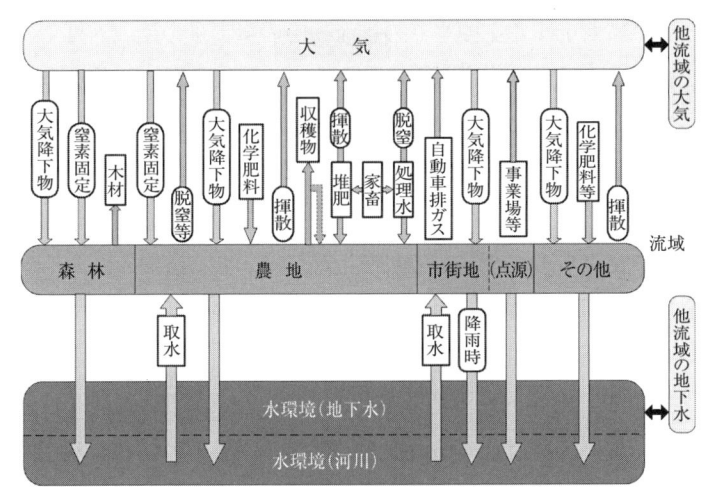

図-5.1 流域における窒素収支の算定に係る活動の例

のではなく，風により流域内外を移動しているので，河川の流域を単位として収支を求めるのは無理がある．また，大気中に存在している窒素化合物のすべてが測定されているわけではないので，測定されている物質を対象とした比較とならざるを得ない．

流域への窒素の持込みと取出しの活動の主なものを**図-5.1**にまとめる．

収支の算定には，流域における各項目の活動量，例えば，家畜排泄物では排泄物の量と窒素含有率が必要となる．活動量の算定の基本は実測であるが，実測が難しい場合には何らかの方法により推定する必要がある．上記の家畜排泄物を例にとると，実際の排泄物量を把握することはきわめて難しく，家畜の種類

とそれに対応する1頭当りの排泄物中の窒素量の流域内外での実績値等を基に推定する方法がある．このようにある値を全体に適用して全体の値を推定する方法は原単位法と呼ばれ，用いられる値は，その活動に係る原単位と呼ばれる．実測が困難な活動に関しては原単位法がよく用いられており，後述する利根川上流域の収支の算定でも採用している．

原単位法は，流域への持込みや取出しという活動だけではなく，流域から河川等の水環境への窒素の流出においても用いられている．前述した湖沼水質保全計画(**2.2.3** 参照)に示された湖沼への流入負荷量の値は下水処理場や工場等のいわゆる点源とそれ以外の面源により構成されており，面源からの流出量は，流域の土地利用に対応して設定した原単位を用いて算定されている(国土交通省他, 2009)．この場合は，流域の内外における農地，市街地，森林等からの排水等の測定結果から原単位が設定されている．

原単位法では用いる原単位がどの程度全体を代表しているかについては，大いに議論のあるところであり，常に意識しておかねばならない．

流域の窒素収支の算定においては，それぞれの流域の特徴に合わせて窒素の持込みと取出しに関連する区分と項目をリストアップするが，利根川上流域の場合において筆者が選定した区分・項目および留意点を**表-5.3**に示す．

水環境に関する部分は，窒素はT-Nを基本としているが，大気との遣り取りにおいては測定されている窒素化合物として，

表-5.3 窒素収支の算定に用いる項目,留意点

区分	項目	留意点
点源	生活排水(汚水処理形態別) 事業場排水	収集し尿の搬入先(流域の内・外) 下水道・浄化槽の処理状況 業種別の処理状況
農地	作物 施肥 窒素固定 脱窒	作物の種類と作付面積 作物の収穫量,副産物の扱い 有機質肥料の原材料と形態 化学肥料の種類 該当作物 農地の状態と面積
畜産	排泄物 排泄物の処理・利用	家畜の種類,《畜舎形態,飼料》 再資源化方式,排水処理方式
森林	伐採 窒素固定	樹種と面積 樹種と面積
市街地	降雨時流出	
その他	施肥	ゴルフ場,《緑地,公園》
大気降下	湿性降下物 乾性降下物	測定方法 推定方法
大気排出	《燃焼施設》 輸送施設 揮散(農地) 揮散(畜産)	 自動車(燃料,排ガス対策) 化学肥料の種類 家畜の種類,再資源化方式
水環境流出	河川流出 《地下水流出》	《実測法》,L-Q法 《河川水との遣り取り》
収入 - 支出	残留&不明	

注) 《 》内は利根川上流域の算定では考慮しなかった.

大気への排出ではアンモニア(NH_3)と窒素酸化物(NO_x),大気降下ではアンモニア態窒素(NH_4-N)と硝酸態窒素(NO_3-N)を対象とした.

大気への NH_3 と NO_x の主な排出源は,兼保らによると次のようにまとめられている(兼保他, 2002).

NO_x:工場等,家庭等,自動車,船舶,航空機

NH_3:肥料・家畜,人体,排水処理,自動車,工場等

大気中の NO_x については大気汚染との関係でよく話題になるが,NH_3 についてはよく知られていない面もあり,以下に補足説明をする.

NH_3 はタンパク質や尿素[$(NH_2)_2CO$]等が微生物により分解される過程で生成されるほかに,自動車では2.1.3で述べられているように排ガス対策の副産物として生成される.家畜では排泄物に含まれる窒素が貯留や堆肥化等の工程および農地への散布等で微生物による分解を受け,NH_3 が生成され,大気へ揮散される.

5.2.2 利根川上流域の窒素収支

前項で紹介した方法により利根川上流域を対象として窒素収支の算定を試みた結果を紹介する.利根川上流域は,1.1,2.3で示したように窒素濃度の高い渓流水が見られ,窒素の湿性降下量の大きいデータが得られている流域で,ここでは便宜上,利根大堰より上流とした.利根川の流域図を図-5.2に示す(国土交通省, 2006).利根川は幹川延長 322 km,流域面積 16,840 km^2 の日本最大の河川であり,利根大堰は河口から 154 km 地点にあり,利根川のほぼ真ん中に位置している.

利根川上流域の 2005 年度における流域面積,人口,家畜頭

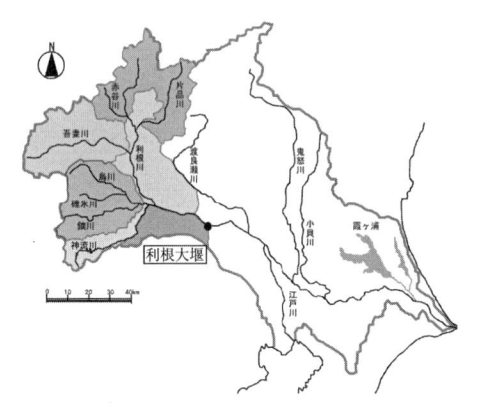

図-5.2 利根川流域と上流域の位置図

数，降水量，河川流量を**表-5.4**に示す．なお，**表-5.3**の各項目についての詳細な算定手法については，河川環境管理財団(2009)を参照されたい．

水環境から見た流域の窒素収支を**表-5.5**に示す．流域への窒素の投入量は年間 36,670 t-N となり，その内訳は，家畜排泄物関連が 30%，大気降下物 27%，点源 19%，化学肥料 17% となっている．

表-5.4 利根川上流域の基本諸元(2005 年度)

諸　元		内　訳
面積	6,010 km^2	森林(64%)，農地(17%)，市街地(9%)
人口	203 万人	浄化槽(42%)，下水道(39%)，汲取り(11%)
降水量	1,114 mm/年	前橋の値
家畜数	(単位：万)	乳牛(5.0)，肉牛(7.0)，ブタ(56)，ブロイラー(89)，採卵鶏(716)
河川流量	53.7 億 m^3/年	利根大堰の値

表-5.5 水環境から見た流域の窒素収支

収入(流域への投入)			支出(流域からの取出し)			収支差
	発生量 (t-N/年)	割合 (%)		発生量 (t-N/年)	割合 (%)*	(t-N/年)
点源	7,140	19.5	収穫作物	4,780	13.0	
家畜由来	11,090	30.2	木材	20	0.1	
化学肥料	6,360	17.3	脱窒	3,240	8.8	
窒素固定	2,110	5.8	化学肥料の揮散	320	0.9	
大気降下物	9,970	27.2	河川流出	13,900	37.9	
合 計	36,670	100	合 計	22,260	60.7	14,410

*支出の欄の割合は収入合計に対する値.

表-5.6 大気との窒素の遣り取り

	収入(大気への排出)			支出(大気からの降下)		
	NH_3 (t-N/年)	NO_x (t-N/年)	合計 (t-N/年)	$NH_4\text{-}N$ (t-N/年)	$NO_3\text{-}N$ (t-N/年)	合計 (t-N/年)
家畜排泄物	5,770		5,770			
化学肥料	320		320			
自動車	980	4,200	5,180			
合計	7,070	4,200	11,270	5,150	4,820	9,970

　流域からの窒素の取出量は年間 22,260 t-N であり，投入量の 61％に相当する結果となった．取出量の内訳は投入量に対する割合で，作物の収穫が 13％，脱窒が 9％，河川への流出は 38％である．

　投入量と取出量の差は投入量の 39％に相当し，流域での残留および未計上の要因によるものと考えられる．

　大気から見た窒素の出入りについては，精度にかなり課題が

あることを前提に，自動車，家畜排泄物，化学肥料，大気降下量について試算した結果を**表-5.6**に示す．NH_3は家畜排泄物が大半を占めており，排出量が降下量を大きく上回っている．一方，NO_xでは降下量の方がやや大きい結果となっており，未計上の排出源の存在および他流域からの移動の可能性が考えられる．

5.2.3 窒素収支からわかること

表-5.5，**5.6**の結果からわかることは，以下のとおりである．
・流域全体での面積当りの窒素投入量は，61 kg-N/ha・年で，その1/4強が大気降下物によるものである．
・河川を通して流出する窒素量は，流域面積当りで23 kg-N/ha・年で，投入量の38％にあたる．
・流域へ投入された窒素のうち，水環境へ流出する可能性のある量は，投入量から収穫作物，木材，脱窒，揮散を差し引いた値に相当すると考えられ，28,310 t-N/年となる．点源分は速やかにほぼ100％河川に流出するとみなせることから，点源分を投入と持出しの双方から差し引くと，投入 21,170 に対して河川流出 6,760 となり，流出の割合は32％となる．
・流域における投入量と取出量の差は投入量の39％に相当しており，未知なる部分が無視できないレベルで存在している．
・大気との遣り取りでは，NH_3は排出量が降下量を上回っており，乾性降下量の過小推定か，他流域への移動の可能性がある．また，流域内でのNH_3の排出源としては，畜産が主た

る部分を占めているといえる.
・大気における NO_x は排出量が降下量を下回っており,流域内の自動車以外の発生源の寄与や他流域からの移動の影響が考えられる.

5.3 流域の窒素管理に向けた提言

5.3.1 河川に供給される窒素面源負荷量への対応

 河川の有機汚濁状況は,工場や事業所排水への規制や生活排水対策としての下水道や合併浄化槽の整備により確実に改善してきてきた.このことは,河川の水質環境基準の達成率が90%超であることに反映されている.すなわち,今後の河川の水質管理において,下流域や滞留水域への影響を考えた栄養塩管理の重要性が増しており,窒素やリンを管理項目として設定して,モニタリングデータの蓄積が行うことが強く望まれている.

 特に,湖沼における水質環境基準の達成率が50%程度で停滞していること,総量規制の対象となっている東京湾等の内湾における富栄養化問題を認識して,それらの水域に流入する河川における窒素やリンの排出・流出過程を正しく理解し,その管理を行うことの重要性が増している.例えば,2005年には,湖沼水質保全特別措置法が改正され,指定湖沼に流入する汚濁負荷の一層の削減を図るために流出水対策地区が新設された.河川等を通じて流出する汚濁負荷への対策が必要な地域を指定して,その地域に対して流出水対策推進計画を策定し,対策を

推進することが法的に実施されることになった．

まさに，水域に供給される窒素の汚濁源対策として，工場，事業所からの排水のように発生源が特定できる点源への対応から，人為的な活動を有する農耕地や市街地等の面源からの汚濁負荷への対応が求められている．一方で，河川上流域の森林からの負荷も面源負荷源であるが，自然由来としてベースラインとして扱われてきている．しかし，大気由来の窒素負荷問題が提起され，河川上流域においては窒素負荷に一定程度寄与していることが報告されてきた．単なる陸地起源の窒素汚濁負荷量だけでなく，大気汚染を通じた降下物由来の窒素に伴う面源負荷にも着目する必要性が認識されてきている．

5.3.2 窒素管理における課題認識

本書では，河川や湖沼等の水域に供給される窒素化合物の発生源という観点から，大気降下物由来の窒素化合物に着目し，大気降下量，森林域からの流出量，発生源の推定手法等を紹介している．大事な視点は，大気降下物の窒素化合物は，酸性雨の原因物質であるとともに，森林域にとっては重要な栄養物質であり，その量が過剰となると，土壌の酸性化や陸水の富栄養化等をもたらすことが懸念されていることである．

現時点で，日本では深刻な水質障害等の悪影響は幸いにも見られていないが，今後の流域の水質管理においては，窒素化合物を森林における酸性化物質，そして閉鎖性水域における富栄養化物質の2つの視点から捉えることが重要である．このよう

な視点から,河川における窒素を対象とした水質管理面での課題認識を以下に述べる.

> 認識事項① 上流域の河川水はきれいである,という想定は必ずしも正しいものではなく,上流域の状況によっては湖沼の富栄養化の目安とされる濃度を超える場合があることをよく理解する必要がある.

河川の水質環境基準項目だけでなく,窒素を継続的に水質モニタリングすることの重要性が増している.そして,その濃度変化を把握しておくことが河川管理者には求められる.森林等の人為的な活動のない上流域を有している場合でも,窒素汚染はないと安易に想定することなく,大気降下物由来の窒素の影響や森林の窒素飽和の状況を理解しながら,水質監視することの大事さを見逃してはいけない.また,ダム湖の水質管理面においても渓流水の水質状況に留意しておくことも必要であろう.

> 認識事項② 水質管理の基本となるのは,流域における窒素化合物の負荷の収支を定量的に把握することであり,そのために,大気降下物の窒素化合物を含めて出入りをきちんと評価することが肝要である.

流域内の窒素流出負荷量の増大に起因して水利用において障害が生じないように,また,水域生態系の保全面からも水質管理をすることが求められる.そのためには,流域の窒素収支を正しく評価することが必須である.すなわち,流域ごとに窒素

の起源や汚濁源を整理して,その負荷量を正しく見積もることが管理の成否を分けることになる.

その際,見逃しやすい大気由来の窒素負荷にも留意することが重要である.もちろん,市街地を後背地に有する河川中・下流部では,上流域からの窒素負荷とその地域における流出負荷との相対的な関係を理解しながら,水質管理をすることになる.

> 認識事項③　流域における窒素負荷の削減に対しては,下水処理での高度処理の導入の推進,農地や市街地からの降雨時の流出負荷の削減だけではなく,森林管理,家畜排泄物の管理,自動車排ガスの管理等を視野に入れた方策を検討する時代となっている

流域からの窒素負荷量は,点源だけでなく,面的な汚濁源からの流出状況に応じて変化する.流域内での窒素汚濁源の把握とともに,その負荷量を定量的に評価することが河川に流入する窒素負荷の効果的な削減につながる.下水道整備や高度処理の導入はわかりやすい負荷削減対策であるが,適正な施肥による農耕地からの負荷削減,家畜排泄物の適正管理,森林の管理による浄化機能の維持,表土流亡の防止等も考えられる.さらに,本書で扱った大気降下物由来の窒素負荷の存在を考慮すれば,交通由来の排ガス対策も含めた総合的な管理を検討すべきであろう.

5.3.3 窒素管理に向けた提言

　流域単位における窒素収支の中で,どの排出源や流出源が水域への流入負荷として重要なのかを理解することが窒素負荷量の管理にはまず必要となる.点源に比べて,面源の窒素負荷量算定の精度は低いことが指摘できる.その大きな原因は,面源汚濁負荷は雨天時に発生するものであり,それはkg/ha·年という単位で表現されるように,土地利用(水田,畑地,山林,市街地,その他)ごとの面積に応じて算定する原単位方式であることに起因している.

　この原単位法は,実際に雨天時調査された過去の調査結果から求められるものであるが,観測された地域ごとに大きな幅を持って報告されている.そのため,汚濁解析を実施する対象流域での汚濁負荷量調査データに基づく原単位がない場合には,全国平均や類似流域の原単位を採用して求めざるを得ない状況となる.一方で,河川水質管理上では,晴天時のデータは取得されているものの,雨天時を含む年間を通じた流出負荷量の実測データは少なく,負荷量としての活用できるデータ蓄積は限られている.

　以上のような視点から,流域における窒素化合物を対象とした河川水質管理に向けた提言をまとめる.

提言①　上流域でのモニタリングの必要性

　河川の水質動向を把握する際に,人口の多い中・下流域だけではなく,森林域を含む上流域にも意識を向ける

> べきである．上流域の観測においては，河川の流出量と
> ともに，大気降下量の測定も重要である．
>
> 　例えば，上流域に位置するダムの管理事務所には，雨
> 量計が設置されていると思われるが，降雨採取装置を併
> 設して，大気降下量のデータを蓄積することは意義深い
> と考えられる．

森林地域を含む上流域における窒素動態を把握すること，そして，大気由来の窒素負荷の位置づけを明確にすることが期待される．すなわち，河川流出負荷量だけでなく，その流域の大気降下物の測定を実施することを提案したい．具体的には，ダム管理事務所には雨量計が設置されていると思われるが，雨量観測とともに降雨採取装置を設置して湿性降下量をモニタリングすることである．週や月単位で降水を採取して窒素降下量データを蓄積することは，ダム湖水質の将来予測や大気由来の窒素負荷を意識した形での水質管理を行ううえで役立つものと思われる．

> 提言②　ノンポイント対策に向けた原単位法の見直し
> 　窒素収支の把握には原単位法に頼らざるを得ない項目
> が少なくない．特に面源と呼ばれるノンポイント汚濁に
> 対しては，土地利用をもとにした年平均の原単位が用い
> られることが多い．より精度の高い負荷量の把握のため
> には，季節，地質，植生等を考慮した原単位の設定が必

> 要である．
> 　原単位の設定には，晴天時のデータとともに，降雨時のデータを様々な土地利用の流域において体系的に取得することが意義深いと考えられる．

窒素負荷量算定やその汚濁解析精度の改善には，流域内の地質や植生の分布，土地利用分布，水利用，農業や畜産等の経済活動等の自然および社会の統計データを GIS 活用して整備することが役立つ．同時に，従来の河川水質管理において継続されてきている晴天時や流量安定時における水質調査に加え，雨天時における負荷量データを異なる土地利用を有する流域において収集することが必要である．その科学的なデータの蓄積から，将来的には一律の土地利用単位の年平均の原単位から，地質や植生タイプ，季節ごとの原単位法等，新たな原単位法による汚濁負荷算定の精度向上を目指すことも一案である．

> **提言③　データの共有と蓄積**
> 　森林や農地を介した複雑な窒素化合物の保持および排出のメカニズムに加えて，大気を経由した輸送も無視できないプロセスであることをよく認識すべきである．その認識において，流域の水質データを取得し，管理している河川部局，水道部局，下水道部局，農林部局，環境部局等の関係機関が連携して，それぞれが保有するデータの共有，蓄積，公表を進めることは意義深いと考えら

> れる.

　5.2において，利根川上流域を対象として大気由来窒素に着目した流域の窒素収支について検討しているが，現状では不確定要素が多くあることがわかる．言い換えれば，森林や農地を介した複雑な窒素の保持および排出のメカニズムに加えて，大気由来の窒素輸送も無視できないプロセスであり，それらによって流域の窒素収支が大きく支配されていることを認識すべきである．

　そのような現状認識の中で，水系の水質データの取得や窒素排出源の管理をしている河川部局，水資源部局，水道部局，下水道部局，農林部局等の関係機関が連携して，それぞれが保有する水質データや汚濁負荷量データを共有できる情報プラットフォームが構築することが必要である．国土交通省の水文水質データベース，環境省の環境GIS（公共用水域の水質測定結果），(社)日本水道協会の水道水質データベース等のウェブサイト上に河川水質の調査結果を見ることは可能である．しかし，流域単位での水質データとして，あるいは汚濁負荷量として把握できるような仕組みが必要である．

> 提言④　対策シナリオ策定能力アップ
> 　水域の窒素負荷の削減には，流域単位における窒素収支の中で，どの排出源が水域への流入負荷として重要なのかを理解し，効果的な対策を推進する必要がある．

> 　窒素収支の把握のためには，排出源の特定とそこからの負荷量の測定が必要である．その結果として，統括的に汚濁実態と水質障害の主要な原因の抽出を行い，流域単位で窒素負荷の管理に有効で，実施可能な対策シナリオ，その効果と実施可能性を相互に評価することが求められる．

　河川ごとに窒素による汚濁実態と水質障害の主要な原因の抽出を行い，財源の制約条件や削減効果のタイムスケール等を踏まえて，流域単位で窒素負荷の管理に有効で実施可能な対策シナリオを各部局から提示することが期待される．そして，その効果と実施可能性を相互に評価することが求められる．

　特に，上流域での窒素負荷流出の現象把握をもとに，大気由来の窒素負荷量がどの程度影響しているかを考慮する必要がある．汚濁削減量の設定だけでなく，その評価のための雨天時を含めた汚濁負荷量監視を義務づけること，それを支える効率的な観測手法や汚濁負荷量評価方法を構築することが有意義である．

　例えば，試験的な削減事業の実施前後において，この雨天時を含めたフォローアップモニタリング調査を組み合わせて行う複合的な事業を展開することで，その事業の効果を評価することが可能となり，見直しや削減機構の解明につながるものと考えられる．

参考文献

5.1

・花里孝幸：ミジンコ先生の水環境ゼミ, 地人書館, 2006.
・茨城県生活環境部霞ヶ浦対策課：霞ヶ浦学入門, 2001.1.
・Taizo Ida, Shuichi Nakajima, Kenji Sakai：Study on the mechanism of blue tide in Lake Abashiri and the measures to control it, Proceedings of Taal2007:The 12th World Lake Conference, pp.936-940, 2007.
・久保田一, 中村彰吾：印旛沼水質改善に向けた沈水植物再生の取り組み, 河川環境総合研究所報告, 第15号, 2009.12.
・USEPA：Nutrient Criteria Technical Guidance Manual Rivers and Streams, EPA-822-B-00-002, 2000.
・神田茉希, 掛川優子, 中島啓治, 青井透：群馬県の河川における付着珪藻種と窒素濃度の関係, 第44回土木学会環境工学フォーラム講演集, pp.125-127, 2007.
・厚生労働省：水質基準見直しにおける検討概要, 厚生科学審議会, 2003.4.28.
・社団法人日本水道協会：平成19年度水道統計(水質編), 2008.
・横田久里子, 永淵修, 大西克弥：土地利用形態の変遷による硝酸性窒素濃度の増大, 環境工学研究論文集, Vol.46, pp.47-52, 2009.
・環境省水・大気環境局：平成18年度公共用水域水質測定結果, 2007a.
・環境省水・大気環境局：平成19年度公共用水域水質測定結果, 2008a.
・環境省水・大気環境局：平成20年度公共用水域水質測定結果, 2009a.
・環境省水・大気環境局：平成18年度地下水質測定結果, 2007b.
・環境省水・大気環境局：平成19年度地下水質測定結果, 2008b.
・環境省水・大気環境局：平成20年度地下水質測定結果, 2009b.
・環境省：酸性雨長期モニタリング報告書(平成15〜19年度), 2009.3.
・日本科学者会議編：環境事典, 旬報社, 2008.

5.2

・国土交通省, 農林水産省, 環境省：湖沼水質のための流域対策の基本的考え方, 2006.3.
・兼保直樹, 吉門洋, 近藤裕昭, 守屋岳, 鈴木基雄, 白川泰樹：組成別SPM濃度シミュレーション・モデルの開発と初冬季高濃度大気汚染への適用(1), 大気環境学会誌, 37(3), 167-183, 2002.
・成澤和幸：自動車からのアンモニア排出と発生係数測定の必要性, 資源環境対策, Vol.39, No.13, 68-72, 2003.
・Norbert V. Heeb, Christian J. Saxer, Anna-Maria Forss, Stefan Bruhlmann：Trends of NO, NO_2, and NH_3 emissions from gasoline-fueled Euro-3 to Euro-4 passenger cars, *Atmospheric Environment*, 42, 2543-2554, 2008.

- 鷺山享志, 中沢誠, 鈴木正明：自動車からのアンモニアの排出量調査, 神奈川県環境科学センター研究報告, 第21号, 7-11, 1998.12.
- 国土交通省：利根川水系河川整備基本方針, 流域の概要, 2006.
- 河川環境管理財団：大気由来の窒素に着目した流域の窒素収支に関する研究, 2009.11.

索　引

【あ】

アオコ　*112, 114*
赤潮　*112, 114*
亜酸化窒素(N_2O)　*64*
アジア大陸　*22, 116*
亜硝酸態窒素(NO_2-N)　*2, 11, 117*
厚沢部川　*16*
網走湖　*113*
アルプス　*99*
アンチモン　*105, 106*
安定同位体　*5, 84*
安定同位体比　*6, 83*
アンモニア(NH_3)　*26, 28, 35, 123*
　　――の揮発　*87, 124*
アンモニア態窒素(NH_4-N)　*9, 21, 46, 123*
アンモニウムイオン　*5*

【い】

イオンクロマトグラフィー　*41*
異臭味　*114*
イチョウ　*106*
一酸化窒素(NO)　*27*
射水丘陵　*21, 66, 75, 77*
入皮[法]　*95, 96, 99, 102*
印旛沼　*113*
インファレンシャル法　*41*

【う，え】

碓氷川　*10, 13, 55*

エアロゾル[態物質]　*18, 37, 38, 53*
　　――の測定　*41*
ANC　*61*
越境輸送　*116*
ATP　*28*

【お】

大沢川　*68*
オキシダント　*55*
オゾン　*37, 87*
越辺川　*72*
御岳山　*21*

【か】

外樹皮　*100, 103*
化学肥料　*39*
拡散デニューダ法　*42*
火山　*116*
ガス[態物質]　*37, 52*
　　――の測定　*41*
霞ヶ浦　*112*
化石燃料　*18*
河川　*113*
　　――の水質　*2*
　　――の水質管理　*128*
　　――の窒素　*1*
ガソリンエンジン　*26, 33*
家畜排泄物　*39, 121, 131*
鏑川　*55*
鎌北湖　*72*

雷　26
烏川　11, 55
簡易雨水採取装置　39
感雨式自動雨水採取装置　39
環境汚染タイムカプセル　95
環境汚染物質　95
乾性降下物（乾性沈着）　28, 35, 37, 45, 49, 119
　　——の測定　41
乾性降下量　49
岩石帯　69

【き, く】

汽水湖　112

グアノ　29
空気力学的抵抗　44
空中放電　26, 27
呉羽丘陵　21, 66, 73
黒岩谷　79

【け】

珪藻　11, 113
渓流［水］　9, 15
　　——の水質形成　15
渓流水質調査　17
下水　87
原子核　84
健全な森林　63, 91
原単位［法］　83, 122, 132
　　——の設定　134

【こ】

光化学オキシダント　52
光化学スモッグ　52
降水（降雨）　18, 38, 39
荒廃した森林　91
湖沼　2, 87, 112
湖沼水質保全計画　51, 115
湖沼水質保全特別措置法　114, 128
根粒細菌　28

【さ】

酸化アンチモン　106
三元触媒法　35
酸性雨　35, 115
酸性雨調査　46
酸性化　1, 5, 35, 63, 111, 115, 119, 129
　　——に対する中和能力　61
酸性化［関連］物質　115, 129
酸性水　115
酸性沈着　115, 116
酸素安定同位対比　85
酸素交換反応　87

【し】

紫外線　52
自然起源の窒素化合物　27
湿性降下物（湿性沈着）　27, 35, 37, 45, 119
　　——の測定　39
湿性降下量　46
質量数　84
忍川　118

索　引

樹皮　*100, 103*
樹林帯　*69*
準層流層抵抗　**44**
硝化　*87, 115*
硝化活性　*76*
硝化菌　*64*
硝化速度　*64*
硝化反応　*64*
硝酸(HNO_3)　*26, 27, 38*
　　——の解離　*38*
硝酸アンモニウム(NH_4NO_3)　*53*
硝酸イオン　*5, 61, 96, 106, 116*
　　——，大気降下物由来の　*6*
　　——，排水中の　*6*
　　——の安定同位体　*85*
硝酸態窒素(NO_3-N)　*2, 4, 10, 21, 46, 117, 123*
蒸発散　*70*
植物プランクトン　*111*
人為起源の窒素[化合物]　*31*
人工湖　*2*
森林[域]　*15, 87*
　　——，健全な　*63, 91*
　　——，荒廃した　*91*
　　——の衰退　*64*
　　——の窒素飽和　*130*
　　——のメタボ[化]　*4, 63*
森林生態系　*21, 63*

【す】

水質環境基準　*11*
水道水源　*117*
水道水質基準　*11*

スギ　*105*
住吉川　*79*
諏訪湖　*112*

【せ, そ】

生育の制限要素　*16*
成長の制限因子　*63*
生物試料　*95*
生物生産の制限要因　*29*
^{137}Cs法　*97*
雪氷試料　*95*
施肥　*50*
施肥基準　*51*
全窒素[T-N]　*2, 122*
全リン[T-P]　*2*

藻類　*111*

【た】

大気汚染物質　*45, 53*
　　——の移動　*54*
大気降下物[由来]　*40*
　　——の硝酸イオン　*6*
　　——の端成分　*92*
　　——の窒素[化合物]　*1, 83, 85, 88, 95, 120, 129, 130*
大気降下量　*50*
大気中濃度換算係数　**44**
堆積物試料　*95*
堆肥　*39*
脱窒　*78, 87*
谷川岳　*68*
多摩川[水系]　*16, 20*

ダム湖　*2, 130*
丹沢山系の渓流　*20*
淡水赤潮　*114*
端成分　*90*
　——の安定同位対比　*92*

【ち】

地下水　*87*
地球　*25*
地球環境　*37*
畜産施設　*18*
畜産排水　*87*
窒素[化合物]　*16, 37, 52, 104, 119, 128, 129*
　——, 河川の　*1*
　——, 自然起源の　*27*
　——, 人為起源の　*31*
　——, 大気降下物由来の　*1, 83, 85, 88, 95, 120, 129, 130*
　——, 土壌由来の　*85*
　——, 排水由来の　*83, 85, 88, 90*
　——の管理　*2, 128*
　——の起源　*3, 84*
　——の吸収　*61*
　——の湿性降下量　*4*
　——の収支　*3, 83, 120, 130, 135*
　——の大気降下量　*4*
　——の負荷量　*3*
　——のモニタリング　*2, 130, 132*
　——の流出　*62*
　——の量　*36*
窒素安定同位対比　*85*
窒素過剰現象　*26, 34*

窒素固定[技術]　*26, 31*
窒素酸化物（NO_x）　*18, 27, 55, 87, 123*
　——の濃度　*34*
　——の排出　*33*
窒素・酸素安定同位体比　*5*
窒素循環　*85*
窒素非飽和　*66*
窒素肥料　*18, 29*
窒素飽和現象　*1, 5, 63, 130*
中性子数　*84*
中和能力（酸性に対する）　*61*
長距離輸送　*55*
チリ硝石　*30*
沈着速度　*44*

【て】

ディーゼルエンジン　*26, 33*
デルタ表記法　*85*
点源　*122, 129*
天然湖沼　*2*

【と】

同位体　*84*
同位体シグナル　*87*
同位体分別　*87*
土壌[由来]　*87, 90*
　——の端成分　*92*
　——の窒素[化合物]　*85*
土壌酸性化　*116, 129*
利根川[上流域]　*3, 4, 9, 13, 56, 67, 92, 124*
利根大堰　*13, 93, 124*

【な】

内樹皮　*103*
内部セイシュ　*113*
中木川　*67*
^{210}Pb 法　*97*

【に】

二酸化硫黄　*116*
二酸化窒素(NO_2)　*27*
2端成分混合モデル　*90*
ニトログリセリン　*31*
ニトロゲナーゼ　*26, 28*

【ね，の】

年代測定法　*97*
年輪　*100*

農作物　*50*
濃縮効果(蒸発散による)　*70*
農[耕]地　*87, 90, 131*
ノンポイント対策　*133*

【は】

バイオモニタリング　*91*
排気ガス　*35*
排水中の硝酸イオン　*6*
排水由来
　——の端成分　*92*
　——の窒素[化合物]　*83, 85, 88, 90*
爆薬　*26, 31, 32*
パッシブ法　*42*
ハーバー・ボッシュ法　*26, 32*

【ひ】

光解離　*38*
ヒドロキシラジカル　*38, 52*
ヒノキ　*105*
百牧谷　*73*
氷河[コア]試料　*98*
氷床[コア]試料　*95, 99*
表土流亡の防止　*131*
表面抵抗　*44*
琵琶湖　*88, 91*
貧酸素化　*112*

【ふ，ほ】

富栄養化　*1, 5, 11, 26, 34, 35, 63, 111, 119, 129*
富栄養化物質　*129*
富栄養酸性雨　*119*
富栄養酸性化物質　*119*
節　*101*
付着藻類　*113*

放射性同位体　*84*

【ま，み，む，め，も】

マグネシウム　*104*

水草　*111*
水の収支(降水と流出水)　*16*
未成入皮　*102*

無機化速度　*63*
無機態窒素(I-N)　*10, 46*

面源[負荷]　3, 122, 128, 132

木質部　101

【や, ゆ, よ】

矢木沢ダム　93
屋久島　66
野洲川　88

有機態窒素　63
湯檜曾川　12, 69

陽子数　84
溶脱　12
4段ろ紙法　42

【ら, り, れ, ろ】

ラン藻　28

硫酸態硫黄(SO_4-S)　21
流域水質管理　1
粒子[態物質]　53
流出水対策推進計画　128
林外雨　106
林内雨　75, 106
リン　104, 128
リン肥料　29

連続通気法　77

六甲山　78

森林の窒素飽和と流域管理　　　定価はカバーに表示してあります.

2012年 3月15日 1版1刷 発行　　ISBN978-4-7655-3455-0 C3051

編著者　古　米　弘　明
　　　　川　上　智　規
　　　　酒　井　憲　司

企　画　(財)河川環境管理財団

発行者　長　　　滋　　　彦

発行所　技報堂出版株式会社

〒101-0051
東京都千代田区神田神保町1-2-5
電　話　営業　(03) (5217) 0885
　　　　編集　(03) (5217) 0881
ＦＡＸ　　　　(03) (5217) 0886
振替口座　　　00140-4-10
http:// gihodobooks.jp/

日本書籍出版協会会員
自然科学書協会会員
工学書協会会員
土木・建築書協会会員

Printed in Japan

Ⓒ Furumai,H, Kawakami,T, and Sakai,K, 2012

装幀　ジンキッズ／印刷・製本　三美印刷

落丁・乱丁はお取替えいたします.
本書の無断複写は，著作権法上での例外を除き，禁じられています.

················· **好評発売中！** ·················

河川・ダム湖沼用水質測定機器ガイドブック
B5・460頁　　河川環境管理財団・ダム水源地環境整備センター 編

流域マネジメント－新しい戦略のために
A5・282頁　　大垣眞一郎・吉川秀夫 監修　　河川環境管理財団 編

図説 河川堤防
A5・242頁　　中島秀雄 著

河川と栄養塩類－管理に向けての提言
A5・192頁　　大垣眞一郎 監修　　河川環境管理財団 編

自然的攪乱・人為的インパクトと河川生態系
A5・374頁　　小倉紀雄・山本晃一 編著

河川の水質と生態系－新しい河川環境創出に向けて
A5・262頁　　大垣眞一郎 監修　　河川環境管理財団 編

川の技術のフロント
A4・174頁　　辻本哲郎 監修　　河川環境管理財団 編

河川汽水域－その環境特性と生態系の保全・再生
A5・366頁　　楠田哲也・山本晃一 監修　　河川環境管理財団 編

流木と災害－発生から処理まで
A5・280頁　　小松利光 監修　　山本晃一 編　　河川環境管理財団 企画

沖積河川－構造と動態
A5・600頁　　山本晃一 著　　河川環境管理財団 企画

ケイ酸－その由来と行方
B6・196頁　　古米弘明・山本晃一・佐藤和明 編著　　河川環境管理財団 企画

技報堂出版　　TEL／営業 03-5217-0885　編集 03-5217-0881
　　　　　　　　FAX／03-5217-0886　http://gihodobooks.jp/